Python 访谈录

与 Python 专家的对话

［美］迈克·德里斯科尔（*Mike Driscoll*）著

陶俊杰　陈小莉　译

东南大学出版社
SOUTHEAST UNIVERSITY PRESS
·南京·

图书在版编目(CIP)数据

Python 访谈录 /（美）迈克·德里斯科尔（Mike Driscoll）著；陶俊杰，陈小莉译. — 南京：东南大学出版社,2019.7

书名原文：Python Interviews

ISBN 978 - 7 - 5641 - 8368 - 4

Ⅰ.①P… Ⅱ.①迈… ②陶… ③陈… Ⅲ.①软件工具-程序设计 Ⅳ.①TP311.561

中国版本图书馆 CIP 数据核字(2019)第 074535 号

图字：10 - 2019 - 188 号

Python访谈录
Python Fangtanlu

出版发行：东南大学出版社

地　　址：南京四牌楼 2 号　　邮编：210096

出 版 人：江建中

网　　址：http://www.seupress.com

电子邮件：press@seupress.com

印　　刷：常州市武进第三印刷有限公司

开　　本：787 毫米×980 毫米　　16 开本

印　　张：16.25

字　　数：281 千字

版　　次：2019 年 7 月第 1 版

印　　次：2019 年 7 月第 1 次印刷

书　　号：ISBN 978 - 7 - 5641 - 8368 - 4

定　　价：68.00 元

本社图书若有印装质量问题,请直接与营销部联系。电话(传真)：025 - 83791830

前言(Foreword)

欢迎大家来到 Python 访谈录!

人们常常会对开源编程语言感到困惑,只关注语言背后的技术——无论是语言本身,还是它可以使用的库,或者用它构建的令人印象深刻的产品,却很少去关注让编程语言能够存在的程序员们构建的生态系统。

Python 是一种开源编程语言,主要由来自全球各地的志愿者所共同努力推动。因此,不仅要关注使 Python 变得更好的技术,而且要关注那些使它变得更好的人。

Python 的世界里不仅仅只有代码,还有一群志同道合的人们汇聚成社区,通过开源的精神让世界变得更美好。成千上万的人为 Python 的成功作出了贡献。

本书是对 Python 及其精彩的开源社区中贡献卓著的大牛们的访谈录。书中深入探讨了这些人的个人背景和他们对社区、技术以及 Python 未来发展方向的看法。

但是,最重要的是——本书进一步表明作为一门编程语言,Python 确实是由一个个和你一样的人组成,试图在世界上做出改变,一步一个脚印。

Kenneth Reitz(肯尼斯 · 瑞兹)

Python 软件基金会理事(Director at Large)

贡献者(Contributor)

关于作者(Contributor)

Mike Driscoll 从 2006 年 4 月开始就一直在使用 Python。他一直为 Python 软件基金会撰写博客。除了撰写博客,他还喜欢读小说,听各种各样的音乐和学习摄影。他为 wxPython 项目的 wiki 页面编写文档,并在邮件列表里帮助 wxPython 用户。他还在 PyWin32 邮件列表里帮助 Python 用户,偶尔也会帮助 comp. lang. py 邮件列表里的用户。

Packt 正在寻找像你一样的作者

如果你有兴趣成为 Packt 的作者,请直接访问 authors. packtpub. com 并立即填写申请表。我们与数千名像你一样的开发者和技术专家一起工作,帮助他们与全球科技界分享自己的见解。你需要填一个申请表,申请成为特定热门话题的作者,也可以提交自己的想法。

序

在 2016 年快结束的时候，我和 Packt 出版社的图书编辑进行了一场头脑风暴，探讨了一些有趣的图书主题。因为我之前在博客上做了一系列关于程序员的访谈报道，名为"PyDev of the Week（一周一名 Python 开发者）"，所以我们想根据之前对 Python 社区核心成员的那些访谈内容制作一本书。于是，我就花了一些时间整理出了 20 个我认为对写作这本书会有帮助的人名，然后在 2017 年开始陆续联系他们。

我总共用了大约 8～12 个月的时间，最终采访了 Python 社区的 20 名大牛，不过我的名单在那段时间内变更过几次。有一些人对访谈不太感兴趣，也有一些人没有联系上。但是，我最终还是坚持下来了，汇集了一组我认为足以代表整个 Python 编程社区的访谈录。

在这本书里，你将会看到许多关于 Python 和它的创建者们的奇闻轶事，例如 Brett Cannon 和 Nick Coghlan。你会理解为什么 Python 在第一版中没有 Unicode 支持，还可以从核心开发者那里得知他们关于 Python 未来发展方向的判断。你还将看到一些著名的 Python 书籍的作者们的故事，例如 Al Sweigart、Luciano Ramalho 和 Doug Hellmann。

我还与一些流行的 Python 第三方软件包的创建者或核心开发者进行了交谈，例如 web2py 的作者（Massimo Di Pierro）、SQLAlchemy 的作者（Mike Bayer）和 Twisted 框架的作者（Glyph Lefkowitz）等。

我对 Carol Willing 的采访非常有趣。因为她是 Python 语言本身的核心开发者,所以她对女性在学习技术和 Python 方面的看法是非常具有启发性的。同时她也是 Project Jupyter 的重要贡献者,因此可以了解更多关于这个项目的精彩之处。

你一定会发现 Alex Martelli 和 Steve Holden 的采访特别引人注目,因为他们不仅使用 Python 很多年而且有很多有趣的见解。

在任何一个与我交谈过的人那里,你都可以学到很多东西。如果你碰巧认识他们,那么你了解得可能比我更全面。即使谈话非常简短,但所有人都很高兴和我聊天,并十分积极地回答我的提问。如果你碰巧在某次会议上遇到他们,请务必感谢他们对社区的贡献。

特别感谢所有接受我采访的人。我真诚地感激他们花时间来帮助我完成这个项目。我还要感谢我的编辑们让这个项目走上正轨。最后,我要感谢我的妻子 Evangeline,忍受我在整个夏天随时出门采访。最后,我要感谢你,亲爱的读者,感谢你阅读这本书。

目录(Contents)

Brett Cannon
（布雷特·坎农）

Brett Cannon 是一位加拿大软件工程师和 Python 核心开发者。他是 Microsoft 公司的首席软件工程师，负责用于编辑的工具。他此前的角色还包括 Google 的软件工程师和 Oplop 的创建者。Brett 于 2003 年成为 Python 软件基金会（Python Software Foundation, PSF）的成员，并在 2013—2014 年担任 PSF 的主任。他之前还是 PyCon 美国委员会的成员，并担任 PyData Seattle 2017 大会的会议主席。Brett 带领 CPython 迁移到 GitHub 并创建了 importlib。他的开源成就包括 caniusepython3，另外他还是 17 个成功的 Python 增强提案（Python Enhancement Proposals, PEP）的共同作者。

讨论主题：核心开发者，v2.7/v3.x，Python 冲刺活动（Python sprint）。
Brett Cannon 的推特联系方式：@brettsky

Mike Driscoll：你为什么会成为一名程序员？

Brett Cannon：在我的记忆里，我一直觉得电脑很有意思。我很幸运能够到一所计算机实验室里装满了 Apple IIe 的小学上学，因为在当时那是最前沿的电脑，所以我很早就接触到了这些机器。

在初中升高中的那一年，我在夏天参加了一个计算机课程，其中包括一些 Apple BASIC 语言的学习。我不仅学会了而且非常擅长，在第一周就完成了全部的课程。不过那时我并没有真正考虑过未来要从事计算机方面的工作。

就这样一直持续到高中毕业，在选择大学课程的时候，妈妈让我答应她两件事。我得同意先学一门哲学课，然后才可以参加计算机编程课。于是我两门课都学了，而且都很喜欢。

我又一次在开课前两周阅读了我的 C 语言入门教材，这本书在整个学期都要用。记得当我第一次读完它的时候，有一天我在下课后坐下来实现了一个井字游戏（tic-tac-toe）。我当时真的是废寝忘食！那是我人生中的一个尤里卡（eureka）时刻。编程工具提供的无限创造力让我不能自拔。于是我从此踏上了编程之旅。

> **Brett Cannon：**"编程工具提供的无限创造力让我不能自拔。于是我从此踏上了编程之旅。"

因为我知道井字游戏是一个已经被人们解决了的问题，所以我想我实际上可以直接编写逻辑，这样就可以完美地将井字游戏作为一个程序玩了。一天晚上我花了六个小时做这件事，当时我完全沉浸在里面，因为我知道我能够做到这一点。它为我开启了计算机可以实现的无尽可能，它带给我的自由和思考问题的能力让我彻底着迷。从那时起，我就一直编程了。

Driscoll：是什么让你变得如此专注于 Python 和它的社区？

Cannon：嗯，虽然我最终去了伯克利并获得了哲学学位，但是我一直在攻读计算机科学课程。伯克利的计算机科学入门课程有一个入学考试，我担心我不懂面向对象的编程，因为我只知道 C 语言，所以我四处寻找面向对象的编程语言。碰巧我发现了 Python，学习了它，喜欢上了它，并且不断用它编写个人程序。

有一次在写 Python 程序的过程中，我需要用到 time. strptime 函数，这个函数用表示 datetime 的字符串作为参数，并将其解析还原成一个时间元组。我当时在 Windows 系统上写代码，但是 time. strptime 在 Windows 系统上不能用。于是我想出了一种日期解析方法，虽然你还是需要插入本机（locale）信息，但它仍然会正确地解析时间。

那时候，ActiveState 的编程攻略（Cookbook）网站仍然是 Python 圈子的重镇，所以我在 ActiveState 上发布了如何在 Windows 上实现 time. strptime 的攻略。后来，O'Reilly 出版了第一版的 *Python Cookbook*，Alex Martelli 将该攻略作为书中的最后一个范例，这也是书中最长的一个范例。

> **Brett Cannon："所以我在 ActiveState 上发布了如何在 Windows 上实现 time. strptime 的攻略。"**

尽管如此，我还是很郁闷，因为人们不得不输入他们的本机信息。我无法解决这个问题，感到很沮丧。因此，在我的脑海中，我一直在思考如何获取本机信息。最终，我解决了这个问题。其实我是在从伯克利大学毕业后的那一周，给自己留下了编写解决方案的时间，最终用户不需要输入本机信息也可以实现日期时间的解析。

问题解决之后，我给 Alex Martelli 发送了电子邮件，此前我们已经交换过几次电子邮件了。我说："嘿，我已经解决了这个问题，没有必要再输入本机信息了。我怎么更新原来的攻略呢？"Alex Martelli 说："好啊，你可以把电子邮件发送到 Python-Dev 这个邮件列表，作为一个提交的补丁。"

> **Brett Cannon:**"Alex Martelli 说:'好啊,你可以把电子
> 邮件发送到 Python-Dev 这个邮件列表,作为一个提交
> 的补丁。'"

所以,我向邮件列表发送了补丁,在我的印象中 Skip Montanaro
是第一个回应的人。Skip 说:"干得漂亮,你上传文件吧,这样我们
就可以处理并接受补丁。"我当时感觉太棒了。能够为 Python 项目和
语言作出贡献让我觉得非常有趣。

> **Brett Cannon:**"能够为 Python 项目和语言作出贡献让
> 我觉得非常有趣。"

所有这一切都发生在我本科升研究生的那一年。我当时正想去读
计算机科学的研究生,我知道除了正在学习的课程之外,还需要更多
的编程经验。我当时想可以为 Python 作出贡献并从中获得帮助。那
时我有大把的空闲时间,所以我决定参与其中。

> **Brett Cannon:**"我决定参与其中。"

于是我加入邮件列表,整日潜伏着提问。然后在同一年,我提议
重新接受 Python-Dev 概要 (Python-Dev summaries),这些概要在当时
已经停止了。我又一次认为我有时间去做那些,我意识到这是学习的
好方法,因为它迫使我阅读 Python-Dev 中的每一封电子邮件。

读邮件的一个有趣的副作用是,我能够了解到其他人没有时间顾
及的每一个小问题,于是我看到了其他人之前没有看到的所有事情。
我不仅能够很容易地找到小问题进行修复和学习,而且能够不断地做
到这一点。

通过 Python-Dev 概要的训练,我提出了越来越多的问题。

在某些方面，我知道得已经足够多了，于是在 2003 年第一届 PyCon 会议（至少是第一次被当作 PyCon 的会议）之后，我就成了 Python 的核心开发者。从此我就上瘾了。我主动了解团队，然后队友就成为我的朋友了。我非常喜欢这件事，而且真的很有趣，于是我坚持下去做到现在，并且在此期间我从未停止超过一个月。

> **https://wiki. python. org/moin/GetInvolved**

并不是说你必须成为 Python 的核心开发者，才能进入 Python 社区。只要你喜欢它，你就可能会迷上它，因为它对你来说很有意义。

Driscoll：是什么让你决定开始写关于 Python 的博客和文章的呢？

Cannon：博客是参与其中的一种方式，因为我喜欢写作，这种媒介恰好符合我与人交流的方式。我一旦开始做一件事情，就会持续做下去。我一直非常享受尽我所能地向世界传播知识。

Driscoll：你觉得在恰当的时间进入 Python 项目是不是很重要？你建议早点进入项目吗？

Cannon：是的，我认为我是在正确的时间和正确的位置加入 Python 的，而且我需要拥有自由时间才能开始。当有足够的时间作出我想要的贡献时，我就可以启动了。

当 Python 项目还不是那么大时，我就已经开始参与其中了。我记得当我开始攻读硕士学位时，人们会问我在业余时间做什么。当我说我为 Python 作出贡献时，他们会问我："是那种带有空格的语言吗？"其实那时我已经参与项目很久了。

因此，我确实是在理想的时间参与了这个项目，在 2005 年这门语言开始流行起来之前。我有时希望我能在更早些时候以某种方式使用它，但那时我更年轻，可能也用不起来。所以当一切发生的时候，所有需要的因素都恰好聚集在一起，纯属偶然。

Driscoll：你对 Python 的哪些部分作出了积极的贡献？有没有一个模块帮助你起步，或者对你有重大影响的，例如 datetime 模块？

Cannon：对我产生影响的其实是 time 模块。它早于 datetime 模块！我创作的第一个模块是 Python 2 中的 dummy_thread 和 dummy_threading 模块。

这是另一件别人向我建议且值得我去做的事情。邮件列表的朋友们说他们想要一个功能，但时间一天天地过去了，他们一直没有实现，于是我给他们发了电子邮件，说："嘿，你们准备好了吗？"他们说没有，但是因为它仍然是一件有用的事情，所以我就做了。那是我从头开始编写的第一个模块。

我觉得我基本上已经触及了 Python 语言中的所有内容。我甚至接触过解析器，还很少有人接触过它。我认为我曾经为某些标记性的事件写过警告。当我们从具体的语法树切换到字节代码的时候，我在编译器部分发挥了重要作用，然后我们有了相对具体的语法树，最后到 Python 的抽象语法树。

> **Brett Cannon："我觉得我基本上已经触及了 Python 语言中的所有内容。"**

Jeremy Hilton 很早以前就启动了这个项目，而 Guido van Rossum 给了每个人一个最后通牒，因为这个项目已经做了很多年却还没有完成。Guido 说："你们要在下一个版本发布之前完成。"

> **Brett Cannon："Guido 说：'你们要在下一个版本发布之前完成。'"**

于是我参与到项目中，帮助 Jeremy 完成了后半部分。我做了之前为 warnings 模块做过的类似的事情。Neil Norbits 当时已经开始实现它了，但他做得有点偏离项目，所以我把它捡起来并把剩下的部分完成了。这就是我最终成为了解 warnings 模块的少数几个人之一的过程!

还有其他让我如此热衷于 Python 的事情吗? 我想还广为人所知的可能就是 importlib 吧。我编写了现存的大部分内容（所有这些都是针对 Python 3.3 的），而 Nick Coghlan 和 Eric Snow 后来给了我很多帮助，但整个 importlib 包都是我实现的。就我自己实现的模块而言，虽然那些都是我想到的，但我基本上也只是触碰了每一个部分而已。在14 年之后，我就再也跟不上了!

Driscoll：我知道你的意思。当我遇到自己以前写的某些代码时，我会觉得很厌烦，我想，"究竟是谁写了这个，为什么它如此糟糕?"我记得两年前我写得很好啊!

Cannon：是的，如果你读自己 6 个月前写的代码并且感觉仍然很好，那么可能就有些不对劲了。这通常意味着你这 6 个月没有学到新东西。

> **Brett Cannon**："如果你读自己 6 个月前写的代码并且感觉仍然很好,那么可能就有些不对劲了。这通常意味着你这 6 个月没有学到新东西。"

Driscoll：你认为成为 Python 核心开发者最大的好处是什么?

Cannon：可能是我作为一个普通人能够建立的友谊。很多核心开发者都是我的朋友。

我们每年聚会一次，每天花大约 24 小时与这些人一起度过一个星期。那是我和他们在一年中其他的时间里在线交流之外的最重要时刻。这可能比我和很多朋友一起度过的时间都要长，你和你的好朋友有共同度过整整一个星期的假期吗?

所以，最大的好处就是友谊。它让你能够与这些人在一起闲逛和工作，你可以向他们学习，享受工作并继续前行。

我不常考虑 Python 的影响力。偶尔一想也觉得有点难以置信，所以我尽量不去纠结。我不想 Python 对自己有任何形式的影响，所以我试着不去思考它。如果我只是整天坐在这里思考这种被数百万开发者使用的语言，那么实在有点夸张了。虽然我有能力做这方面工作，说起来是很酷的，但更重要的还是能够和朋友们一起工作。

我仍然非常清楚地记得，当我第一次加入核心开发团队和我第一次加入邮件列表时的场景，我甚至还能记起更久以前的事情，尽管有人说我是 Python 开发团队的高级领导者之一，但我从来没有完全适应过这个观点。我从来没有这么想过。有人曾在 Google 问过 Guido：“如果把对某件事情的了解程度划为从 1 到 10 的十个等级，那么你对 Python 有多了解？”他说是 8。

> **Brett Cannon：“有人曾在 Google 问过 Guido：‘如果把对某件事情的了解程度划为从 1 到 10 的十个等级，那么你对 Python 有多了解？’他说是 8。”**

没有人知道整个 Python 系统，因为整个程序实在太大了。我们都可以掌握我们头脑中的基本语义，但是并不能了解所有它实际工作时的错综复杂的细节。有多少人能够像熟悉自己手背那样地理解描述符或元类？我偶尔也得查看文档，没有人知道整个系统。

Driscoll：那么你怎么看待 Python 作为一门编程语言的未来？你是否认为它在某些领域正变得越来越流行，或者 Python 是否也会像 C++一样进入衰老期？

Cannon：Python 今天正处于一个很有趣的位置，几乎没有 Python 成不了主角的地方。当然，在某些领域，如底层操作系统和内核开发，确实不适合 Python，但除此之外，它几乎无处不在。

我知道 Python 处于第二位的应用领域是数据科学。我认为以 Python 目前的增长趋势，至少在未来几年内不会立即超越 R 在数据科学语言领域的地位。但从长远来看，我确信 Python 会迎头赶上。当然，我并没有了解太多其他领域，在许多不需要系统编程语言的领域中，Python 也并不能做到位居第一。

我认为至少在一个领域中，Python 还不是那么强大，那就是桌面应用程序开发。即使在桌面应用程序开发上人们也会使用 Python，看起来它并不像人们说的那样缺乏竞争力，但是在这个领域有很多竞争对手。从长远来看，我们将达到一个临界点，或者我们可能已经达到了，那就是到处都是 Python 代码，Python 可能永远不会消失。

> **Brett Cannon:** "从长远来看，或者我们可能已经达到了，我们将达到一个临界点，那就是到处都是 **Python** 代码，**Python** 可能永远不会消失。"

希望 Python 永远不会像 COBOL 一样只是在口头传播，也许我们会获得更多的爱和更长时间的爱，但我还没有看到 Python 真正普及。我认为现在有太多的代码可以让我们永远消失。

Driscoll：Python 是当前 AI 和机器学习热潮中的主要编程语言之一。你认为 Python 为什么这么擅长 AI？

Cannon：我认为学习 Python 的简易性使其对 AI 有益。目前从事 AI 方面工作的人已经扩展到不仅仅是软件开发者，还包括像数据科学家这样不经常编写代码的人。

这意味着需要一种可以很容易地向非程序员讲授的编程语言。Python 非常适合这类需求。你可以看看 Python 是如何在科学和计算机科学教育中吸引人们的，当你了解之后，就会发现这不是一个新的趋势。

Driscoll：人们现在应该转向 Python 3 吗？

Cannon：作为参与实现 Python 3 的人，在回答这个问题时我并不是一个公正的人。我显然认为人们应该立即切换到 Python 3，从而可以获得自 Python 3.0 首次出现以来已添加到语言中的许多好处。

> **Brett Cannon："我希望人们意识到可以逐步完成向 Python 3 的过渡，因此不必遭受版本切换造成的突然的或特别的痛苦。"**

我希望人们意识到可以逐步完成向 Python 3 的过渡，因此不必遭受版本切换造成的突然的或特别的痛苦。Instagram 切换到 Python 3 用了九个月的时候，同时还在继续开发新功能，这说明迁移到 Python 3 是可以完成的事情。

Driscoll：如果展望未来，你觉得 Python 4 会发生些什么？

Cannon：当然，Python 4 本身就是个大话题。不过我还没有听过很多关于 Python 4 的内容，我很高兴能够听到它。它现在还像神话一样，仍不存在。Python 4 是 Py4k 的梦想，就像以前的 Py3k 梦想一样。这门语言应该往哪里去呢？

当我们升级到 Python 4 的时候，我们可能会清理 Python 标准库进行减肥。我们可能会最终摆脱一些语言元素，而不是将它们继续留在那里以与 Python 2 兼容。

> **Brett Cannon："当我们升级到 Python 4 的时候，我们可能会清理 Python 标准库进行减肥。"**

对于 Python 4，我们可能会有一个垃圾跟踪收集器（tracing garbage collector），而不是引用计数（reference counting）来获得并行性。我目前还不清楚未来会怎样，但这就是我想要看到的未来：或多或少相同，尤其是因为我们更多地依赖社区构建 Python 的一切。我的意思是，我们拥有巨大标准库的原因之一，就是因为它否定了互联网，对吧？

Python 本身是早于 Unicode 成为官方标准的，因为 Python 于 1991 年 2 月首次发布，而 Unicode 1.0 则是于 1991 年 10 月发布。一开始我也没有意识到这一点。但因为这是人们一直问我的事情之一："嘿，Python 为什么不像 Java 一样从头开始做 Unicode?"所以我不得不去查一查。其实，因为我们比 Unicode 早，所以这就是原因！

因此，我认为未来的标准库并不需要像现在这么大。如果你用 pip 就可以安装相应的库，我们就不需要标准库。

我们十分幸运能够拥有一个充满活力的社区，因此我们拥有许多高质量的第三方替代品，这样可以简化标准库内容，减轻核心开发者的维护负担。我认为我们可以在未来的某些 Python 版本中执行此操作，而社区在获取高质量模块时不需要承担任何风险。我认为这将使 Python 更容易和更精简，并且更好用。

> **Brett Cannon:"因此在 Python 4 的时候，我认为未来标准库不需要像现在这么大。"**

虽然我觉得我们未来会做，但是我没有得到任何回复。无论如何，这听起来像是一个美好的梦。所以是的，希望如此！当我回答你关于 Python 4 的问题时，还没有人告诉我，我完全是疯了，看来这是一个很好的试金石。

Driscoll：你认为是什么推动了人们最近对 MicroPython 日益增长的兴趣？

Cannon：人们一直在问我关于 MicroPython 创作的事情。虽然我自己不用它，但我认为它必然会越来越强大，因为我总是被问到这个问题！我打赌这是因为教育部门的大力推动，很多人在使用 microbit 和所有相关的工具。这可能就是人们对 MicroPython 的兴趣所在。

Driscoll：我们怎样才能开始为 Python 语言作出贡献？我们应该如何开始呢？

Cannon：我们有一个名为 Dev Guide 的教程，是我在 2011 年开始写的文章。它的全名是"Python 开发者指南（Python Developer's Guide)"。基本上，开发者指南介绍了你需要了解的所有内容，以便你可以为 Python 语言作出贡献。

> **Brett Cannon:"开发者指南介绍了你需要了解的所有内容，以便你可以为 Python 语言作出贡献。"**

开发者指南（https：//devguide. python. org/）向你展示了如何获取 Python 源代码，编译它并运行测试套件。它为你提供如何找到想要贡献的内容的建议。你还可以找到核心开发者的文档，里面会向你展示如何进行代码审查以及其他所有内容。

开发者指南是一个相当大的文档，它本身就有一种生存方式。我会告诉人们去阅读开发者指南，并尝试了解你想要了解的内容。选择一个你真正熟悉的模块，你可以帮助修复 bug，或者做任何让你感觉很舒服的事情。

我们还有一个核心指导（core mentorship）邮件列表，故意让它没有存档，是为了让你可以提出任何问题，而你不必担心有人在五年后找到它。因此，首先请注册核心指导邮件列表，阅读开发者指南，然后找到你想要做的事情！

Driscoll：我们可以通过代码审查为 Python 作贡献吗？

Cannon：是的，关于这一点，我实际上已经开始尝试推动人们进行代码审查了，所以如果你真的熟悉一个模块并且在 GitHub 上有一个合并请求（pull request），那就帮忙对那些合并请求进行代码审查吧。

如果你对为常用或不常用的模块进行代码审查，或者对审查内容感到满意，那么这就是对 Python 语言的开发所作的非常好的贡献。

> **Brett Cannon："如果你对为常用或不常用的模块进行代码审查，或者对审查内容感到满意，那么这就是对 Python 语言的开发所作的非常好的贡献。"**

我们在推动 Python 前进方面的最大限制是核心开发者的能力带宽（bandwidth）。因此，你的代码审查确实有助于使项目更易于管理。请加入我们，帮助我们提交更多补丁，并修复错误。

Driscoll：我们还能为 Python 语言作出其他贡献吗？

Cannon：Python 社区很大的一个用处，就是回答那些你看到的别人询问的 Python 问题，并以开放和诚实的态度来回答这些问题。当然，在你谈论 Python 时，不成为一个混蛋也很重要。只是妥善处理就很好了。

Driscoll：Python 的下游项目是否有人可以参与并作出贡献？

Cannon：是的，如果你目前找不到感兴趣的模块，那么你可以为更需要帮助的一些 Python 下游项目作出贡献。例如，下一版本的 Python 包索引需要一些帮助。如果你发现了下游的好玩项目，请入伙吧。

Driscoll：加入新项目怎么样？

Cannon：老实说，想加入新项目真的很难。因为我们通常有足够多的人参与其中，还有很多人一直在关注，他们随时会加入并修复问题。所以有时很难参与进去，这就是为什么我开始推动社区增加更多对合并请求的代码审查。

Driscoll：在每次 PyCon 会议期间，我发现通常有一个关于 Python 语言的冲刺（sprint）活动。你们在那些 PyCon 冲刺中做了什么样的事情？

Cannon：我自己领导过一些 PyCon 冲刺活动，我们通常的做法其实就是让 Python 核心团队坐在其中一间冲刺室的桌子周围，然后说："嘿，如果你想贡献就进来。"

我们告诉 PyCon 冲刺的参与者我们想要的远程贡献，对每个人说的完全相同：这是开发者指南，请阅读它，让你的工具链启动并运行起来，然后就可以寻找可以工作的项目了。如果你找到了什么，那就去做吧。

> **Brett Cannon**："我们告诉 PyCon 冲刺的参与者……这是开发者指南，请阅读它，让你的工具链启动和运行起来，然后就可以寻找可以工作的项目了。如果你找到了什么，那就去做吧。"

当然，在冲刺时，我们会在房间里回答任何人的提问。通常情况下，有些人，像 R. David Murray，就会在冲刺室给所有参与者一份容易出现的错误的列表。这是和进来的人们打招呼的好机会。如果他们想要开始贡献，那么他们就可以和冲刺室的核心 Python 人员在一起，因此他们当时就可以快速地获得答案，而不必等到有人看到电子邮件才回复。只要转头问问你左边或右边的人，就可以得到你的答案了。

有时我们会给出一个简短的演示文稿，说明我们在冲刺期间的进展情况，如果人们可以加入，那就太棒了。我们只要说："这是工具，这是如何执行生成（build），那是如何运行测试。"然后我们就得到代码了。

与会议的其他部分相比，冲刺活动显得非常悠闲和轻松。如果你想尝试，那么我会强力推荐。冲刺室并不像会议核心区域那样忙碌。这是因为那里人比较少，每个人都坐下来并很放松。也没有换班，除了去吃午餐和吃完午餐回来，并且更容易找到人们进行对话，那种感觉非常好。冲刺是非常有趣的事情，如果允许的话，我将尝试在未来一两年内再举办一次冲刺活动。

> **Brett Cannon:"我们只要说:'这是工具,这是如何执行生成(build),那是如何运行测试.'然后我们就得到代码了。"**

Driscoll：其他一些团队也有不错的吸引力，例如，如果你帮助 Russell Keith-Magee 的 BeeWare 项目，那么你的第一个贡献就会获得挑战纪念币（challenge coin）。你有关注过那些项目吗?

Cannon：是的，如果你帮助 Russell 的项目，他会给你一个挑战纪念币。这是一个巨大而令人印象深刻的金属硬币。我现在拿着的那个是我从 Russell 那里获得的，它占据了我的 Nexus 5X 手机屏幕的一大块!

我从 Russell 那里获得挑战纪念币的方法是这样的：如果你作出了 BeeWare 项目接受的贡献，比如文档或者你可以作的其他贡献，那么下次当你看到 Russell 的时候，你就会得到其中一个纪念币。我当时的情况是，那天 Russell 发推文说了一个项目示例，我碰巧在推特上，当时发现了一些错别字。我发送了一个合并请求来修复它们，这就是我最终获得纪念币的过程。我一直想要一个，因为我认为这是一个非常有趣的感谢方式，如果作出贡献，任何人都可以获得一个。

如果你对挑战纪念币一无所知，那么 99％ Invisible 网站上面有一个非常好的播客节目解释这些东西(https://99percentinvisible.org/episode/coin-check/)。

> **Brett Cannon:**"如果你对挑战纪念币一无所知,那么 99% Invisible 网站上面有一个非常好的播客节目解释这些东西。"

Driscoll：Python 核心团队是否提供像 Russell 的挑战纪念币一样的奖励？你认为人们为 Python 语言作出贡献的核心精神和动力是什么？

Cannon：我一直想为 Python 做一个挑战纪念币，既适用于核心开发者，也适用于贡献补丁的人。这是一个很好的主意。可是我又不像 Russell 那样能到处旅行，所以这有点难，因为我需要人们到会场参加会议，那样才能给他们纪念币。但挑战纪念币是一个非常有趣的点子，我希望更多项目能够这样做。

Python 核心团队通常采用一种非常被动的方式来激励。真是这样的，但这只是因为我们将大部分时间都投入到我们想要完成的 Python 语言元素中，而我们知道很多人都会欣赏它。这就是我们为 Python 作出贡献的深层动力，欢迎大家加入，无论是远程协助，还是在会议的冲刺活动期间。

Driscoll：谢谢你，Brett Cannon。

~~ 2 ~~

Steve Holden
(史蒂夫·霍尔登)

Steve Holden 是一位英国计算机程序员，也是 Python 软件基金会（PSF）的前任主席兼主任。他是《Python 网络编程》（*Python Web Programming*）的作者，并与 Alex Martelli 和 Anna Ravenscroft 共同撰写了《Python 技术手册》（*Python in a Nutshell*）第三版。Steve 还担任全球压力指数（Global Stress Index）公司的 CTO，这是一家英国的压力管理创业公司，他在那里负责管理技术生产系统的应用产品。推动 Python 语言的职业生涯将 Steve 带到了世界各地。他一直支持 Python 开源项目，并多次在技术大会上演讲。

讨论主题：PyCon，PSF，Python 的未来。

Steve Holden 的推特联系方式：@holdenweb

Mike Driscoll：你能分享一下你为什么决定成为一名计算机程序员吗？

Steve Holden：我从十几岁开始就非常喜欢电子产品。当时我从化学转向了电子学，因为我的化学老师让我受不了化学。

因此，我在 15 岁时开始了我的职业生涯，在一家电视机厂担任实习产品工程师。然而 18 个月之后，情况并没有按照我预想的那样发生。我开始四处寻找新工作，最后我在布拉德福德大学的计算机实验室看到了一份招聘初级技师的工作。于是我去了那里并申请了这份工作，后来的事实证明，初级技师只是一个工作等级。他们真正想要的是一个计算机操作员（keypunch operator）。

实验室主任认为我有可能离职。于是他决定让我在实验室工作六个月并允许我学习计算机。显然我没有进入计算机的电子（硬件）领域，因为在当时计算机维护是一项非常专业的工作。但我学会了如何操作电脑，并学会了如何编程。那就是我的计算机职业生涯的开始。

Driscoll：你的这段经历对我来说非常有价值！那么是什么让你开始使用 Python，它对你有什么特别之处呢？

Holden：嗯，在 20 世纪 70 年代初，我 23 岁上大学时，开始对面向对象编程感兴趣。我看到了一些由施乐帕克研究中心（Xerox PARC）的 Alan Kay 研究组发表的关于 Smalltalk 的早期论文。

> **Steve Holden**："在 20 世纪 70 年代初，我开始对面向对象编程感兴趣。"

由于这个研究组似乎有一种非常新颖的计算方法，因此让我对 Smalltalk 很感兴趣。不过后来，大约 12 年以后，当我在曼彻斯特大学工作时，我才真正有机会第一次尝试 Smalltalk。我有一个研究生为我实现了它。当时英国还没有实现 Smalltalk 的。我发现我实际上并不是很喜欢 Smalltalk。所以我放弃了面向对象编程大约 10 年时间。

当我搬到美国以后，我遇到了一本关于 Python 的书。我认为应该是那本《Python 学习手册》（*Learning Python*），当时的作者是 Mark Lutz 和 David Ascher。我发自内心地觉得 Python 就是我的语言！Python 是一种明确、富有表现力且容易理解的面向对象编程语言。

> **Steve Holden:"我发现我对语言的了解非常迅速，很快我就回答了很多问题。"**

我做了人们当时所做的事情，那就是加入 Python 列表。我发现我对语言的了解非常迅速，很快我就回答了很多问题。我觉得我在 comp. lang. python 上一共活跃了大约八年时间。我发了近 200 000 个帖子！很多很多帖子！不过令人难过的是，我觉得现在 Google 已经让大部分内容都消失了，所以我的那段历史也就从 comp. lang. python 上消失了。

Driscoll：Python 现在正在人工智能和机器学习领域中被广泛使用。你认为 Python 如此受欢迎的原因是什么？

Holden：Python 有几个优点：首先它易于阅读，你可以在控制台或 IDE 中创建对象以进行交互式实验。其次，Python 还提供了相对简单的方法来与其他编译语言进行交互，从而在大型计算中提高运行速度。

Driscoll：你认为目前 Python 语言或社区存在什么问题吗？

Holden：Python 社区（实际上是大量的交叉社区）似乎正在不断壮大。

我很高兴地说，Python 似乎正在成为被大众接受的一种语言，拥有友好和热情的社区。Python 软件基金会（PSF）现在能够帮助志愿者活动并提供资金支持，只要这些活动能够促进和支持 PSF 的使命。

> **Steve Holden:"Python 软件基金会(PSF)现在可以帮助志愿者活动并提供资金支持。"**

我刚刚与 Alex Martelli 和 Anna Ravenscroft 一起完成了第三版的《Python 技术手册》的写作，我仍然会说这门语言非常好。但是，我认为新的异步模块（例如 asyncio）对普通程序员来说，学起来可能会更困难。

虽然 Guido van Rossum 和其他核心开发者做得很好，并没有为了增加这种语言特性而过度扭曲语言本身。但是异步编程范式，虽然对 Twisted 开发者而言非常熟悉，却并不像简单的同步编程范式那样直观明显。

> **Steve Holden:"我有点儿担心目前的 Python 开发对普通主流用户没有太多关注。"**

坦率地说，我有点儿担心目前的 Python 开发对普通主流用户没有太多关注。现在为了将异步编程引入语言已经做了大量工作，里面包括一个不需要线程的协作式多任务机制（cooperative multitasking mechanism）。

随着这项工作的进行，开发者已经意识到，需要让特定异步计算的执行上下文具有特有的值。你可以将它们视为 asyncio 中等效的线程局部（thread-local）变量。在我关注 Python-Dev 列表的讨论之后，我看到了很多关于这个问题的讨论，我怀疑这些问题永远不会影响到 99.5％的 Python 用户。所以我很感谢 Python 一直致力于向后兼容！

> **Steve Holden:"我看到了很多关于这个问题的讨论，我怀疑这些问题永远不会影响到 99.5％的 Python 用户。"**

关于向 Python 引入类型注解（annotation），我的感觉类似，尽管不那么强烈。类型注解最初只是作为语言的完全可选元素提出的，但由于人们正在使用它们，于是就出现了向标准库添加类型注解的压力。

我希望初学者能够像以前那样，在初学这门语言时完全不需要了解类型注解，可以在以后再来了解，并且这部分内容完全与 Python 语言的其他部分隔离。我不相信类似于类型注解这样的情况还会继续发生。

再来看看好的方面，Python 3 社区已经非常热情地采用了 f 字符串表示法，让开发变得更简单，用 f 字符串编写的代码不能在 Python 3.5 上运行，只是因为它使用了 f 字符串。像往常一样，Dave Beazley 发现了用 f 字符串可以做的一些奇葩事情，这和以前的新特性一样有趣。

Driscoll：我们怎样才能克服这些问题？

Holden：我不确定是否需要付出巨大努力来克服这些问题。重要的是不要变得沾沾自喜，而是要不断努力地改善语言，扩大社区范围，使其变得更强大，更具多样性。PyCon 已经证明了技术社区在很大程度上是可以自我组织的。

Mike Driscoll：我知道你过去曾担任过 PSF 和 PyCon 的主席。你第一次是怎么参与进来的？

Holden：我在 2002 年参加了第一次，也是最后一次的国际 Python 会议。虽然内容很棒，但这个活动是由一个商业集团经营的，该集团与 Guido 当时的雇主做了大量业务，所以它适合那些有预算参加的人。

虽然这对语言的早期发展很有帮助，但我觉得，如果 Python 真的很受欢迎，那么它的会议应该能够为更多的人提供一个家。这包括我每天在 comp. lang. python 上打交道的那些人。

> **Steve Holden:**"如果 Python 真的很受欢迎，那么它的会议应该能够为更多的人提供一个家。"

在那次会议结束时，Guido 宣布成立了 Python 软件管理局（Python Software Authority，PSA），它或多或少算是一个国际管理机构。PSA 将由非营利性基金会取代。Guido 还宣布创建一个讨论会议的邮件列表，那是我热切期待的！

遗憾的是，会议档案（https://mail. python. org/pipermail/meetings/）似乎只能追溯到 2009 年 5 月。但是我记得我最终看到会议的完整列表时，我发现等了很长时间才看到的列表与我记忆中的是完全不同的。我花了两天时间才成为列表上排名第一的发布者。我表达了我的观点，那就是社区可以而且也应该在纯粹的社区基础上更好地组织会议。

> **Steve Holden:**"我表达了我的观点，那就是社区可以而且也应该在纯粹的社区基础上更好地组织会议。"

后来在一个完全偶然的机会下，我搬到了弗吉尼亚州。这与 Guido，Jeremy Hylton，Barry Warsaw 和 Fred Drake 工作的地方都只相距 20 或 30 英里，而他们都是 Python 的核心人员。

他们这帮核心人员和 Tim Peters 一起住在波士顿，他们都是一家名为 BeOS 的公司的员工。这种合作看起来前景光明，所以当 BeOS 陷入困境大约六个月后，这种情况显然是一次可怕的打击。幸运的是，Zope 公司，也就是现在的 Digital Creations 公司为他们租了一个办公室，于是他们建立了 PythonLabs。

Driscoll：你是如何开始与 Python 团队合作的？

Holden：由于我在 comp. lang. python 上的大量贡献，以及 2002 年《Python 网络编程》的出版，我当时已经有点儿名气了。

因此，当我联系 Guido 并提议共进午餐时，他邀请我去 PythonLabs 的办公室。我遇到了团队的所有五个人，然后我们在附近的一个地方吃中式午餐。这次会议后来成了每两周左右一次的定期活动，会议中讨论的一个主题是，如果社区没有专业组织者，是否真的会很落后。

> **Steve Holden:**"会议中讨论的一个主题是,如果社区没有专业组织者,是否真的会很落后。"

我觉得，在 20 世纪 90 年代末，Guido 已经意识到需要更正式的组织来领导社区，所以来自 PythonLabs 的人们创建了 pPSF，并获得了一定数额的捐赠资金。我说自己过去曾是 DECUS UK&Ireland 公司的财务主管，并有过组织社区会议的经验。于是 Guido 说如果我同意主持会议，PSF 将承担费用。

我们在乔治・华盛顿大学的 Cafritz 会议中心租用了场地，并宣布了会议日期，真是令人兴奋不已。然后这个非正式团队迅速确立了 PyCon 组织者名单。我记得我们当时获得了 Nate Torkington 的大力帮助，他提出了创建了 YAPC（Yet Another Perl Conference，又一个 Perl 会议）的想法。

> **Steve Holden:**"我们很快就达成了一种共识,一切都可以由志愿者完成,以降低成本。"

我们很快就达成了一种共识，一切都可以由志愿者完成，以降低成本。Catherine Devlin 参与组织会议的饮食（考虑到每个人的饮食偏好，那是一项不可能完成的任务）。我甚至不记得门票是如何出售的，因为当时还没有公用事业网站。

大约 250 人出席了会议，之前是为期两天的冲刺活动和专题会场。所有的演讲都非常精彩。有一个真正的麻烦事，就是我得四处寻找网络，以确保每个人都可以上网。

那次会议首次将 Twisted 团队聚集在一起。当我知道他们遇到了网络问题时（当时大多数系统仍然需要以太网电缆），我安装了一个本地 100 MHz 的集线器，这给他们留下了深刻的印象。

Driscoll：会议是否取得了财务上的成功?

Holden：在会议结束时，我宣布该活动大概为 PSF 筹集了大约 17 000 美元。

Guido 建议让我获得一半的利润，但是我反对，理由是 PSF 需要增加资金储备。他还提议我成为 PSF 成员，而这是我很乐意接受的荣誉。于是我被正式选举为 PSF 成员。

那年在 OSCON，我采访了 Guido(http://www.onlamp.com/pub/a/python/2003/08/14/gvr_interview.html)，他谈到需要让一些更有经验的人参与 PSF，当时他虽然还在领导 PSF，但是也承认自己已经在企业工作。

> **Steve Holden："我从来不是让社区活动成为个人财产的狂热粉丝。"**

在一年后在同一地点，第二届 PyCon 会议结束时，我宣布将再主持一次会议。我从来不是让社区活动成为个人财产的狂热粉丝，而且主持会议占用了我大量的时间。幸运的是，我当时的大部分收入来自教学工作和业余的咨询工作，我可以在家里做很多事情。

如果我记得没错，就是在那一年我当选为 PSF 董事会成员。Guido 辞去了董事会主席职务，董事会推选 Stephan Deibel 取代了他，并请 Guido 继续担任名誉董事会主席。这意味着他之后就可以专注于技术研发，而不是行政管理。

Driscoll：那么，你在什么时候辞去了会议主席的角色？

Holden：在第三届 PyCon 会议结束时，就是华盛顿特区的第二次，也是最后一次会议，没有人站出来主持下一次会议。我不能告诉参会者第二年还有会议，更没法儿说它会在何时何地举行。

> **Steve Holden:**"我坚信，如果 PyCon 想要实现这一目标，那么就需要从社区中获取更广泛的支持。"

我收到了许多人让我再主持一次会议的请求，但我坚持如果 PyCon 想要实现这一目标，就必须从社区中获取更广泛的支持。大约两个月后，Andrew Kuchling 找我了解会议需要关注的细节，他参加了接下来的在得克萨斯州达拉斯举行的两次会议。他们作出了标志性的改变，会议使用完全商业化的场地，因此 PyCon 开始不断壮大了。

Driscoll：如果有人想学习编程，他们为什么要选择 Python 呢？

Holden：这取决于他们的年龄。我建议在十岁之前，像 Scratch 这样的可视化编程系统可能更合适。

超过那个年龄，Python 绝对可以成为优秀的第一门编程语言。目前在不同的领域都有大量的开源 Python 代码。如今，无论你在哪个领域工作，都可能有一些 Python 代码可以作为起点。

> **Steve Holden:**"Python 绝对可以成为优秀的第一门编程语言。"

Driscoll：那你推荐什么样的编程技术？

Holden：我是测试驱动开发模式的忠实粉丝，尽管作为程序员我花了 30 年时间也没有做到这一点。从业务角度来看，我认为 Agile 更受欢迎，因为它允许所有参与者选择能够为业务增加最大价值的工作。

我花了将近一年半的时间来适应这种工作方式的改变。我期待在我的新工作中验证，当合理运行时 Agile 方法是一种卓有成效的工作方式。但我认为 Agile 不是一种编程技术，而是一种开发管理方法。

结对编程的使用并不像以前那样多了，但我认为从技术转移的角度来看，它是一种令人难以置信的高效通信工具。年轻的程序员似乎并没有花太多时间在职业发展上，但作为一名管理人员，我希望看到我的员工的学习和成长。结对编程是他们可以相对轻松地获得新技能的一种方式。

Driscoll：在学习了 Python 的基础知识后，接下来学什么？

Holden：环顾一下你感兴趣的问题，看看该领域是否有任何开源项目。

> **Steve Holden："虽然每个新程序员都认为他们可以独自破土动工，但实际上通过合作学习起来要容易得多。"**

虽然每个新程序员都认为他们可以独自破土动工，但实际上通过团队合作学习起来要容易得多，因为团队更清楚在做什么。团队合作可以教给你实用的软件工程技能，这些技能对于成为一名有效的程序员非常有价值。

人们喜欢说任何人都可以编码，但现在出现的情况可能并非如此。无论如何，能够单独编码远远不足以实现构建真正实用的、功能健全的、可维护的系统。在精通编程技术的同时，还需要掌握其他技能。

Mike Driscoll：如今 Python 最令你兴奋的是什么？

Holden：真正令人兴奋的是 Python 社区的持续发展和 Python 用户的增加，特别是在教育领域。这将确保在未来 20 年内，任何有需要的人都可以轻松地学会一个相对容易理解的编程工具。

我的桌面上有一个 FiPy 设备，它具有 Wi-Fi、蓝牙、LoRa、Sigfox 和蜂窝移动通信模块，都是用 MicroPython 控制器进行控制，除了具有通常的硬件铃声和口哨声，还有数字输入和输出能力，并且可以通过 REPL 访问所有功能。我迫不及待地想赶紧退休，然后尝试这些新玩具。谁能想象得到未来 10 年将会发生什么！

Driscoll：你认为 Python 语言未来的发展方向是什么？

Holden：我不敢确定 Python 语言的去向。你应该已经听到了一些关于 Python 4 的闲谈。但在我看来，Python 现在已经处于非常复杂的阶段了。

> **Steve Holden："你应该已经听到了一些关于 Python 4 的闲谈。但在我看来，Python 现在已经处于非常复杂的阶段了。"**

我认为 Python 并没有以与 Java 环境同样的方式膨胀。如果到了那样的成熟阶段时，我认为 Python 更有可能会衍生出针对特定应用领域的，可能也是更专业的语言。虽然我认为目前 Python 基本上还是健康的，但是我不希望所有程序员都使用 Python 来做所有事情，语言的选择应该以务实为基础。

我从来都不是一个推动变革的人，已经有足够聪明的人在思考这个问题了。因此，当我认为事情变得有点过于深奥时，我就在 Python-Dev 上潜水，并偶尔插入一些来自使用者方面的观点。

Driscoll：人们应该转向 Python 3 吗？

Holden：只有在需要的时候。Python 2.7 中不可避免地会出现一些不往 Python 3 迁移的系统。我希望它们的维护者们能够共同组建一个行业范围的支持小组，将这些系统的生命延长到 2020 年 Python-Dev 停止维护的日期之后。但是，任何学习 Python 的人现在都应该认真地学习 Python 3，因为那才是未来。

Driscoll：谢谢你，Steve Holden。

3

Carol Willing
（卡萝尔·威林）

Carol Willing 是一位美国软件开发者，也是 Python 软件基金会（PSF）的前任主任。在过去的七年中，她在 Willing Consulting 进行开源软件和硬件的开发。Carol 是非营利性教育中心 Fab Lab San Diego 的一名极客。她也是 CPython 的一名核心开发者，帮助组织 PyLadies San Diego 和圣地亚哥 Python 用户组。Carol 还是 Project Jupyter 的研发工程师，并且是开源 Python 项目的积极贡献者。她是一名非常喜欢分享教学科技的演讲者和写作者。

讨论主题：CPython，Jupyter，PSF。
Carol Willing 的推特联系方式：@WillingCarol

Mike Driscoll：能告诉我一些关于你的背景信息吗？

Carol Willing：我是 20 世纪 70 年代从小学就接触计算机的那批人之一。我实际上是在贝尔实验室的呵护下长大的。与 Python 社区类似，贝尔实验室为年轻的程序员提供外部服务。

后来我有机会在中学继续编程，用的是一台 TRS-80 和一台 Apple II。我一直很喜欢编程，因为它总是需要探索新的知识。那时还没有互联网，所以你拥有的几乎就只是源代码和一些文档。如果你愿意的话，你就是一名计算机探险家。总之，编程真的很有趣。

之后我获得了电气工程学位。在大学期间，我有机会在校园里运营一个有线电视台。我学习了技术方面的知识，也学会了如何激励志愿者。

直到开始我的职业生涯大约六年后，我才真正成为一名工程师。虽然我休息了很长一段时间才重新开始工作，但我一直在家里做一些关于构建 Linux 网络的事情。我决定回到研发的工作岗位上，因为那里具有撼动我的力量。最终我有机会在 Jupyter 团队工作，这就是我现在正在做的事情。

Driscoll：你是如何从一名电气工程师转回做软件编程的？据我所知很多电气工程师都更注重硬件。

Willing：嗯，我仍然非常喜欢硬件，像 MicroPython 和 CircuitPython 之类的东西。虽然我对它们仍然很感兴趣，但我更喜欢编程的难题。

> **Carol Willing："我更喜欢编程的难题。"**

我想我的初恋就是数学和编程。我喜欢做的电气工程是数字通信理论。因此，它实际上是数学和软件开发，而不是硬件相关的工作。

Driscoll：你是如何最终使用 Python 而不是 Ruby 或其他语言的？

Willing：嗯，我早在 Rails 出现之前就已经学会了 C++、Java 和 Ruby。然后当我认真对比这些计算机语言时，我意识到我实际上正在寻找一个编程语言，能够让我进入我喜欢的科技社区。

在南加州，我们有很多聚会的机会。我有一段时间参与了 Linux 社区。然后我开始和 OpenHatch 的一些朋友一起，教人们如何参与开源。

当我使用 Python 的经验越丰富，就越享受它的可读性。Python 使得完成工作变得容易，并且有大量的库。这就是我的 Python 之路。它是通往 Python 世界的非线性路径，但却是一条很好的路径。

Driscoll：你能解释一下你是如何成为 Python 的核心开发者的吗？

Willing：好的，几年前我参与组织 PyCon 的一些讲座和教程。令人惊讶的是在 CPython 冲刺活动中有不少开发者，但是女性开发者很少。

> **Carol Willing：** "令人惊讶的是在 **CPython** 冲刺活动中有不少开发者，但是女性开发者很少。"

Nick Coghlan 和其他几个人向我解释事情是如何运作的。我觉得我们需要更好的拓展，所以我在 Python 开发者指南中做了很多工作，并且在 PyLadies 社区中也做了很多工作。我与 Nick 和 Guido van Rossum 合作，研究如何更好地记录我们正在做的事情并使其更容易获取。这就是我成为核心开发者的方式。

Jupyter 非常依赖 Python 3。网络社区之外有很多声音是要求对 Python 语言进行回馈。我认为 Python 是一种很棒的语言，并且有很多机会。虽然 Python 已经存在了 20 年，但我认为我们几乎没有完全探寻出 Python 到底可以应用于多少领域。

> **Carol Willing："虽然 Python 已经存在了 20 年，但我认为我们几乎没有完全探寻出 Python 到底可以应用于多少领域。"**

Driscoll：那么你负责库的哪些部分？作为核心开发者，你做什么？

Willing：现在，我主要致力于文档和开发工具指南的编写。我还指导社区中的一些人开始使用 Python 或 Core Python 进行开发。

我参与了在 Jupyter 中我们严重依赖的东西，比如异步事件。如果我有更多的时间，那么我将更多地参与 CPython 方面的工作。不过现在，Jupyter 已经实现了跨越式发展，所以它让我们有点忙。

我也非常喜欢参与教育。我认为，如果你能让人们更容易使用某种语言，那么你会收获许多好主意。这是 Python 所有库的强大功能的一部分。

Driscoll：那么你目前在 PSF 做什么呢？

Willing：我刚刚担任了两年的 PSF 主任。现在，我参与了几个工作组，例如营销和科学。

今年我更专注于到世界各地演讲和分享。我的演讲主题主要围绕 Python 的教育状况、在许多不同学科中使用 Python 以及如何适应 Jupyter。然后我还将再次参与 PyCon 会议和专题活动。阅读人们发送的所有提案实际上很有趣。

我对营销工作组的工作比较陌生，但我们正试图探索其他方式以吸引全球社区和赞助商。我们想要强调 Python 在现实世界中的实际使用方式。营销团队正试图提出更强大的 Twitter 营销活动，以便人们更多地了解 PSF 的作用。

Mike Driscoll：PSF 目前的目标是什么？

Willing：PSF 的使命是维持 Python 语言本身并保护版权。还有一个目标是在可能尚未使用 Python 的地方全球化地发展并使用 Python。

逐年的目标可能看起来会有点不同。显然，运行 PyCon 非常重要，并且将永远是 PSF 的目标。其他事情可能更具战略性，例如决定我们如何平衡接收到的资助申请与我们资助的其他项目。

在所有开源世界中，另一件非常重要的事情是项目的可持续性以及你如何为正在运行这些项目的基础架构提供资金。我们在 PSF 中非常幸运，社区和赞助商中有一些很棒的捐赠者。但是如果出于某种原因赞助商离开了，人们仍然期望 PyPI 及其网站能够正常运行。

你需要制定一个长期的可持续发展计划，这样你就不会让志愿者们精疲力竭。PSF 还需要提供人们期望的服务水平。我知道 Donald Stufft 已经对 PyPI 路由每天的流量进行了一些采集。这个数字非常惊人。PyPI 是我们都依赖的东西。PSF 维持着 Python 在世上的存在以及开发者日常理所当然要使用的基础架构。

> **Carol Willing："PSF 维持着 Python 在世上的存在以及开发者日常理所当然要使用的基础架构。"**

Driscoll：我不知道你是否可以谈论这个问题，你在 Project Jupyter 中做什么？

Willing：我可以告诉你我们在 Project Jupyter 做什么，因为 Jupyter 是一个开源项目。它的资助来自科学研究项目赠款以及一些企业捐赠。

Jupyter 基本上有三个主要领域。有经典的 Jupyter Notebook，它是从 IPython Notebook 发展而来的。还有许多与 Notebook 集成的不同小部件和工具。最后是 JupyterHub，它是我专门研究的。

JupyterHub 着眼于如何向集群中的一组人提供 Notebook，可能是一个小研讨会或研究实验室。我们在大型学术机构中看到了很多 JupyterHub 的使用。此外，许多高性能计算的研究人员正在使用 JupyterHub 进行非常密集的数字处理。

> **Carol Willing:"JupyterLab 将为你提供简化的 IDE 感觉,并且具有一些不错的功能。"**

下一代 Notebook 是 JupyterLab。基本上，JupyterLab 将为你提供简化的 IDE 感觉，并且具有一些不错的功能。你可以从页面中提取图表，让它们仍然同步并反映正在发生的变化。

JupyterLab 是可扩展的，因此你可以添加东西并自定义它们。我使用了不同迭代版本的 JupyterLab 大约一年时间。对于 JupyterLab 的反馈非常积极，一年前有人在 SciPy 上分享了 JupyterLab。

Driscoll：需要订阅才能使用 JupyterHub 吗？它是如何运作的？

Willing：不，JupyterHub 也是一个免费的开源项目。因此，如果你有裸机服务器，则可以将其部署在你自己的服务器上。你可以在 AWS、Azure、Google Cloud 或其他类似 Rackspaced 的服务器上部署 JupyterHub。

我们最近整理了一个指南来帮助人们使用 Kubernetes 设置 JupyterHub 部署。效果非常好。用户身份验证有多种方法，因为不同学术机构对人员进行身份验证的方式存在很多差异。

> **Carol Willing:"你可以为每个学生提供一个网络账户，他们将拥有所有相同的工具和相同的体验。"**

你需要一个我们称之为 spawner 的东西，它会为每一个人单独生成一个 Jupyter Notebook 实例。这就是 JupyterHub 对大学有吸引力的原因。你可以为每个学生提供一个网络账户，他们将拥有所有相同的工具和相同的体验。你不必处理安装的噩梦。

Driscoll：你也在为 IPython 工作吗？

Willing：IPython 是整个 Jupyter 项目的一部分，但我在 IPython 上做的工作很少。我偶尔会帮助他们试用新版本。

Jupyter 是一个重要的学术研究项目。我们没有过多做营销，但我们正试图推广它。我认为 Jupyter 真正强大的一点是，人们可以轻易地与其交互从而实现信息共享。我看到学生们真的很喜欢 Jupyter。

Driscoll：那你喜欢 Python 社区的哪些方面？

Willing：我认为 Brett Cannon 和其他人之前已经提到过，虽然一开始你是冲着这门编程语言来的，但你最后还是会因为 Python 社区而留下来。这真的引起了共鸣。在技术界，我不知道还有比 Python 社区更受欢迎的社区。

Carol Willing："虽然一开始你是冲着这门编程语言来的，但你最后还是会因为 Python 社区而留下来。"

许多有想法和有才华的人愿意分享他们的知识和想法。我认为这很大程度上源自 Guido 本人以及他希望使这门语言易于使用且易于阅读的意愿。Guido 还鼓励人们并回答问题，因为他想要一个健康的 Python 社区以及一门健康的语言。我认为这非常重要。

Carol Willing："Guido 还鼓励人们并回答问题，因为他想要一个健康的 Python 社区以及一门健康的语言。"

我认为看到人们正在做的各种各样的事情很有趣。尽管我喜欢 PyCon，但我真的很喜欢区域会议。那是你真正看到新事物发生的地方。你可以获得不同人的观点并发现他们使用 Python 的目的。

没有什么比尝试教新用户如何做某事更能让人意识到 Python 需要改善用户体验的了。作为一名开发者,这对我来说并不愉快,而对于一个新的学习者来说,他们不一定知道他们的东西是否配置正确,这更令人不愉快。

Driscoll:目前 Python 令你感兴趣的是什么?

Willing:到目前为止,我认为你已经从我们的谈话中了解到我的兴趣并不只与一件事有关。

关于 Python 的一个好处是,如果我正在做嵌入式的东西、Web 的东西、科学开发或分析,我可以使用该语言。我当然可以用 Python 来教孩子或成人。我不能说很多语言都是如此应用广泛的。我认为 Python 真的在很多领域都很擅长。

> **Carol Willing:"学习和教育让我对 Python 感到兴奋。Python 3 很适合用于教学。"**

学习和教育让我对 Python 感到兴奋。Python 3 非常适合用于教学,而 f 字符串则大大简化了字符串格式化。MicroPython、CircuitPython、Raspberry Pi、micro:bit 和 Jupyter 激发了更多年轻人制作一些非常有趣的项目。很高兴看到 PyCon UK 的年轻开发者们带来的项目和具有启发性的演讲远远超出了我们的期望。

Driscoll:那么,作为 Python 的核心开发者,你认为 Python 语言的未来在哪里?

Willing:我认为我们将继续看到 Python 的科学编程部分的发展。因此,Python 语言的性能和异步稳定性都将继续发展。除此之外,我认为 Python 是一种非常强大而可靠的语言。即使你今天停止开发,Python 也是一种非常好的语言。

我认为 Python 社区应该回馈 Python 并影响 Python 的发展方向。

我们在核心开发团队中拥有来自不同团队的更多代表，这真是太棒了。比我更聪明的头脑可以为你的问题提供更好的答案。我确信Guido 对于 Python 未来的发展方向有一些自己的想法。

> **Carol Willing:"Python 需要一个更好的移动解决方案。但是你知道的，如果有需要，Python 就会在那里。"**

长期以来移动开发一直是 Python 的致命弱点。我希望 BeeWare 的一些东西能够对交叉编译有帮助。Python 需要一个更好的移动解决方案。但是你知道的，如果有需要，Python 就会在那里。

我认为 Python 将继续朝着 Python 3 中的功能发展。一些大的代码库，比如 Instagram，现在已经从 Python 2 转换为 Python 3。虽然有很多 Python 2.7 代码仍在生产运行中，但 Instagram 已经取得了很大的进步，正如他们在 PyCon 2017 主题演讲中所分享的那样。

> **Carol Willing:"这会因公司而异，但在某些时候，业务需求(如安全性和可维护性)将开始推动向 Python 3 的更大程度迁移。"**

现在有很多围绕 Python 3 的工具开发和测试工具，因此对于公司来说，将一些遗留代码迁移到 Python 3 的风险较小，并且这样做也符合商业利益。这会因公司而异，但在某些时候，业务需求（例如安全性和可维护性）将开始推动向 Python 3 的更大程度的迁移。如果你正在开始一个新项目，那么 Python 3 是最佳选择。新项目，特别是关于微服务和人工智能的项目，将进一步推动人们使用 Python 3。

Driscoll：为什么你认为 Python 在人工智能和机器学习中的使用如此之多？

Willing：Python 在科学和数据科学中的悠久历史使得 Python 成为人工智能的绝佳选择。丰富的 Python 生态系统，包括 scikit-learn、

NumPy、pandas 和 Jupyter，为研究人员和创作者提供了完成工作的坚实基础。

> **Carol Willing："Python 在科学和数据科学中的悠久历史使得 Python 成为人工智能的绝佳选择。"**

Driscoll：Python 如何成为用于人工智能的更好语言？

Willing：维持现有的 Python 基础架构和关键库对于 Python 的基本增长至关重要。健康和包容的生态系统以及可持续发展的企业资金将有助于人工智能、深度学习和机器学习的快速发展。

Driscoll：你希望在未来的 Python 版本中看到什么变化吗？

Willing：我希望看到更多面向任务的文档来支持并发、异步、并行和分布式处理。在过去的几个版本中，我们已经有了一些很棒的增强功能，帮助其他人更轻松地使用这些增强功能会很棒。

Driscoll：谢谢你，Carol Willing。

4

Glyph Lefkowitz
（格里夫·莱夫科维茨）

Glyph Lefkowitz 是一位美国软件工程师，曾参与许多开源项目。现在他在 Pilot. com 公司工作，这是一家为初创公司提供会计服务的公司，此前他曾是 Apple 的高级软件工程师。Glyph 是 Python 网络编程框架 Twisted 的最初创始人。他一直在维护 Twisted 并在 Twisted 社区中发挥着积极作用。2009 年，Glyph 成为 Python 软件基金会（PSF）的成员。PSF 于 2017 年授予 Glyph 社区服务奖，以表彰其对 Python 语言的贡献。

讨论主题：v2. 7/v3. x, Python 的未来，多样性。

Glyph Lefkowitz 的推特联系方式：@glyph

Mike Driscoll：你是怎么最终成为一名程序员的？

Glyph Lefkowitz：嗯，我的编程之路有些曲折。虽然我从小就开始编程，但我没有经历先学习 BASIC 再学习 Perl 这样的传统学习过程。我的编程之路不是线性的，我也没有必须做编程的职业愿望。

小时候我只想制作像 Zork 这样的游戏。我爸爸是一名专业程序员，所以他试图教我 APL 编程。但我没有快速学会编程。我仅仅学会了如何分配变量，但我不知道变量赋值究竟意味着什么。大约五年内我都没有新的长进。

直到学会了 HyperCard，我才开始掌握控制流和循环的概念。我试着用它制作视频游戏。在整个童年时代，我一直试图避免学习编程。我一直在寻找非程序员的事情去做，因为我在数学方面很糟糕。

> **Glyph Lefkowitz**："在整个童年时代，我一直试图避免学习编程。"

过了一段时间，我觉得 HyperCard 就有点太简单了。于是我换了 SuperCard，我终于了解了什么是变量，以及如何制作真正可以控制数据结构的程序。之后我学习了 C++。后来我理解了编程中的继承功能，尽管多年来我一直避免使用它，但是我最终还是明白了其中的含义。

> **Glyph Lefkowitz**："之后我学习了 C++。后来我理解了编程中的继承功能，尽管多年来我一直避免使用它，但是我最终还是明白了其中的含义。"

我在高中时学习了 Java、Perl、Lisp 和 Scheme，后来还教过一门编程课，所以在我 17 岁的时候，我很喜欢编程。尽管这样一段路程也非常不容易。

Driscoll：那么最终是什么将你从其他语言推向 Python 的呢？

Lefkowitz：嗯，其实当我开始我的职业生涯的时候，我习惯用 Java。

我当时对使用 Java 附带的专用运行时（proprietary runtime）有一些非常糟糕的体验，特别是在 macOS 中。所以我对运行时（runtime）的表现感觉很糟糕。当时我开发的应用窗口系统（windowing system）中有一个错误，我一直在想办法解决这个问题。

但是这个应用程序无法重新设计以避免这个错误，因为这个错误与大量的内存泄漏有关。因此后来我的项目完蛋了，我也失去了工作。我最终失业了几个月，而这种经历让我感觉很好。去你的吧，Java，我不会再做那些事了，主要是因为运行时问题。

> **Glyph Lefkowitz:** "我最终失业了几个月,而这种经历我认为很好。去你的吧,Java。"

我的第一反应是想看看 GNU 究竟为 Java 编译器提供了什么东西。我想，也许我还可以用 Java，但是不要接触运行时，因为它太麻烦了。但是最终我得出的结论是，这些努力都白费了。

与此同时，我的一个业余爱好项目——它直到今天仍然存在，是我用 Java 编写的基于文本的在线游戏。我在 Java 中完成的大量工作，就是用 run 方法构建一些充满对象的哈希表。

对于 run 方法的参数，我用反射（reflection）方法直接注入。整体思路就是将运行时和游戏连接在一起。这样就可以让用户直接编程了，不过有一些功能限制。

Driscoll：那这个游戏是怎么工作的？

Lefkowitz：你会有一组部分功能受限制的构造块，如果你做了某些设置，就可能会对游戏的结果产生影响，当然不仅仅只是影响打印的文本风格。因此这部分的 Java 版本的代码是非常冗余和枯燥的，它与动态组合对象相关联，而这些动态组合对象又来自于任意集合的其他对象。

后来我用 Python 重新实现了整个项目，然后我发现原来这些事情一件都不需要做。Python 中的对象就是这些动态的事物集合，你可以随意添加属性并从中检索属性。你可以查询其他字典和所有的东西。

> **Glyph Lefkowitz："我重新实现了整个项目，大约有 25 000 行 Java 代码和 800 行 Python 代码，我认为这是一个更好的程序。"**

我重新实现了整个项目，大约有 25 000 行 Java 代码和 800 行 Python 代码，我觉得这是一个更好的程序。现在我得承认，因为我当时在 Java 中实现的 Python 对象模型是一个糟糕的版本，所以它实现起来特别容易。

我多年来的一个兴趣就是可组合性和自动组装的能力。我希望能够让程序实现自对称，这样你就可以拥有大量类似接口的实现并自动组合它们。Python 的元编程工具完美地介于 Lisp 或 Scheme 之间，这两种语言的很多功能都没有任何兼容性。没有两个人会用这些语言编写相同的对象模型。

而另一方面，在 Java 中虽然一切都非常标准化，但是一切都非常乏味。你不能自动把事情放到一起，一切都非常冗长，所以在 Java 中不值得尝试任何元编程。

Python 不仅足够标准到可以协同工作，而且更加灵活且高级，让你可以获得与 Lisp 宏一样多的功能。所以这就是我从那时起就坚持使用 Python 的原因。我知道其他一些语言，我会定期了解它们，但是 Python 绝对是我建立我的职业生涯的主要语言。

> **Glyph Lefkowitz："Python 绝对是我建立我的职业生涯的主要语言。"**

Driscoll：你真的是一个核心 Python 开发者吗？我没有找到相关信息。

Lefkowitz：我不是。我参加过一系列 Python 核心开发者活动，因为 Twisted 是一个非常引人注目的 Python 项目。

几年前我参加了一场 Python 语言峰会，对错误跟踪器进行了权限分类。我在 Python 安全响应团队中提供了一个库透视图。我还与 Guido van Rossum 合作，将 asyncio 集成到标准库中。我提供了对该功能的反馈意见以及我对 Twisted 的经验。

所以我是 Python 核心开发团队的外协人员，而非核心团队成员。我从来没有真正想参与其中。我已经通过做了一些 Python 核心的东西在志愿开源开发上花费了比我应该花费的更多的时间。很多人都很专业地使用 Python 并一心想要回馈社区，但我已经回馈了。

Driscoll：现在我们聊聊 Twisted，你能告诉我 Twisted 是如何形成的，是什么激发了你开发它？

Lefkowitz：嗯，最初是因为我之前告诉过你的那个视频游戏。我从用 Python 开始就一直在研究重写 Java 服务器版本。

该服务器的并发是基于线程的，因为有多个玩家四处走动，需要多个自治代理执行各种操作。所以 Java 代码中有一大堆线程。实在是没有其他方法，整个生态系统都需要使用大量线程。

> **Glyph Lefkowitz：**"曾经有一段时间……大规模多线程这个术语就像是对一个项目的夸耀。"

事实上，我永远不会忘记这一点，曾经有一段时间，在 20 世纪 90 年代末和 21 世纪初期，大规模多线程就像是对一个项目的夸耀。这是人们关于项目的一种积极评价。

我们的服务器架构非常混乱。由于错误的线程管理导致了大量可怕的错误。我不记得我是如何发现了错误，但最初基本上每个玩家连接都有三个线程：读者线程、编写器线程和逻辑线程。

我的朋友 James Knight 重写了这个游戏的客户端/服务器协议。我相信在他重写时，使用了 select 模块将这三个线程压缩成了每个玩家的一个线程。

Driscoll：这个改动对你来说意味着什么？

Lefkowitz：我查看了客户端/服务器协议，然后我明白了很多我想知道的事情，就是我可以使用套接字。

> **Glyph Lefkowitz："当我发现 select 模块时，我阅读了它的文档，它彻底改变了我对程序运行方式的看法。"**

当我发现 select 模块时，我阅读了它的文档，它彻底改变了我对程序运行方式的看法。正如我之前提到的，早期我是通过学习 HyperCard 进入编程世界的，所以我有一个直觉概念，即计算机处于空闲状态并等待某些事情发生。

Driscoll：你接下来做了什么？

Lefkowitz：在接触 select 模块一两天之后，我意识到可能需要有一些关于接收到的数据的信息，或者关于在连接开始时做了些什么的信息。

这对我来说更自然一些，因为我一直在使用线程模仿这一点，但从未感到真正舒适过。那时，我对我们启动程序时会发生的事情还没有很好的直觉。它在后台启动了线程，或者发生了并发事件，但我并没有真正理解并行是如何工作的。

使用 select 你可以看到并行是如何工作的，因为会产生多个连接。之后我会实例化多个对象以及对应的方法，再循环调用这些方法。因此，这种从底层构建的项目让我更好地理解了并发的工作原理。

当时的游戏理念在今天看来就是虚拟现实游戏。它将通过各种协议主动向你发送电子邮件或向你发送短信。整个事情当时很先进，因为 Web 服务器并不是我做的第一个东西，那时我还不太清楚 Web 是否会流行起来。

> **Glyph Lefkowitz:"网络只是一个非常缓慢和错误百出的原生客户端,并且经常崩溃。"**

那时我们 Twisted 开发团队觉得网络只是一个非常缓慢且错误百出的原生客户端，并且经常崩溃。我们用 Python 编写原生客户端，它们可以完全满足我们的需求。当然，那时网络安全并没有像今天这样令人担忧，所以不清楚我们是否需要安全沙箱。公平地说，那时的浏览器安全性也很糟糕，但它并不像我们通常认为的那样差。这其实也是项目如何在多协议 Hydra 中构建成这样的原因。

Twisted 内置大型标准库的原因之一是我们希望开发者可以不需要与线程通信就可以重写他们的协议。我今天在很大程度上仍然有这种感觉。

Driscoll：你从第一个 Twisted 版本中学到了什么？

Lefkowitz：嗯，有一个教训是，每次当你制作了一个持久对象之后，你基本上都应该发誓在余生里都支持它。

> **Glyph Lefkowitz:"有一个教训是,每次当你制作了一个持久对象之后,你基本上都应该发誓在余生里都支持它。"**

我们有一些非常糟糕的、实现细节比较愚蠢的小类。它们就像是让一群无聊的 19 岁年轻人编写一堆生产关键型服务器基础设施的成果。我们就是这样做的，最终导致了非常糟糕的情况，我们的服务器文件就像是旧版本软件的几十个死对象一样。

我们一开始还不知道这些文件的存在，因为 pickle 无法可视化你的对象图或告诉你发生了什么。所以到 2009 年左右，Twistedmatrix.com 的主要 Web 服务器已经有 45 MB 的 pickle 文件了。我们不知道它为何如此之大，但这就是系统运行的结果。你可能只是启动 Python 解释器就会出现这种情况。我们还要维持它五到十年，但这并不总是一件好事。

Driscoll：你遇到了什么问题吗？

Lefkowitz：我们有时会做一些非常糟糕的决定，因为没有与之相匹配的工具。

当时我们没有支持的生态系统，所以我们想我们可以做一些不保留所有的配置文件和纯文本文件的替代方案。我们觉得之后我们可以通过某种方式手动进行版本控制并对比文本差异，所有的日志处理工具都会以某种方式进入我们的生态系统，但这并未实现。因此在项目的最后五到十年里，我们一直在尝试减少仅仅为了奇怪而去做一些比较奇怪的事情。

> **Glyph Lefkowitz:** "在项目的最后五到十年里，我们一直在尝试减少仅仅为了奇怪而去做一些比较奇怪的事情。"

Driscoll：你刚刚提到你正在帮助处理 asyncio 以及与之相关的其他库的变化。你是如何看待这些变化对 Twisted 的影响？

Lefkowitz：我实际上在我的博客中写了一篇关于此事的文章。当时有少部分的 Python 用户他们从一开始就真的不喜欢 Twisted，觉得 asyncio 和其他库的变化最终会扼杀 Twisted，因为他们没有理由再使用它了。

> **Glyph Lefkowitz:**"当时有少部分的 **Python** 用户，他们从一开始就真的不喜欢 **Twisted**，觉得 **asyncio** 和其他库的变化最终会杀死 **Twisted**。"

我当时的预测是在标准库中允许事件驱动并发，并认为这就是 Python 执行并发的方式，将促进对 Twisted 的许多新兴趣。

整个 Python 技术栈实际上已经融合了事件驱动并发是正确的做事方式这种理念。以前 Twisted 是一个很好的服务器框架，你可以使用它来部署你的应用程序。它也是一个很好的 GUI 客户端框架，你可以用它来编写命令行应用程序（direct line apps）和桌面应用程序。

Twisted 需要一堆设计模式的可靠实现，但它也必须是自己的小标准库。它必须在 Python 标准库中掩盖一些发布周期非常慢并且你在应用程序中不一定依赖的问题。

> **Glyph Lefkowitz:**"这个工具在解决问题之前似乎正在向他们传教。"

Twisted 的突破点是，它也必须成为事件驱动网络的信使。人们会向 Twisted 寻求一些功能，然后你必须先说服人们异步是一个好主意。结果是没有共同的期望和背景的人们选择使用 Twisted。这个工具似乎在解决他们的问题之前就改变了他们的信仰。

为了在一定程度上生存于 Twisted 生态系统，为了获得它真正的好处，你必须开始将你的代码转换为这个异步模型，那是一堆工作。如果你不知道它是如何工作的并且对你来说不直观，它将是令人困惑的。你不会对它有兴趣。

所以有趣的是，现在即使是那些坚持使用 Python 2.7 并且在接下来的十年中还将使用 Python 2.7 的人们也会使用 Twisted。

Driscoll：为什么人们会坚持使用 Python 2.7？

Lefkowitz：人们都知道像 Python 这样的标准库已经发展了。它们现在都是事件驱动的，都是异步的，并且它们不能使用 asyncio，因为它们位于大型企业代码库中。

坦率地说最初，从 Python 2 到 Python 3 的过渡是处理不当的。尽管像我这样关心此事的用户发出了警告，但核心团队并没有理解他们自己的创作的规模。他们低估了几个数量级的迁移工作量。

> **Glyph Lefkowitz：“坦率地说，最初从 Python 2 到 Python 3 的过渡是处理不当的。”**

Python 2 的长寿是他们对那个错误负责任管理的结果。Python 开发团队发现用户长期没有升级，于是努力寻找原因并帮助大型 Python 用户解决迁移问题。尽管最终效果并不理想，但它明显优于替代方案，在替代方案中 Python 3 的结局将和 Perl 6 一样。

Driscoll：你对 Python 3 有什么看法？

Lefkowitz：目前我在日常工作中使用 Python 3，我喜欢它。在经历了大量的血、汗和泪后，我认为它实际上是比 Python 2 更好的编程语言。我认为它解决了很多不一致的问题。

大多数改进都应该反映生命质量问题，而 Python 中真正有趣的东西都在生态系统中。我已经等不及 PyPy 3.5 了，因为在工作中使用 Python 3 的一个真正缺点是我现在必须面对我的所有代码的运行速度只有原来的二十分之一这一事实。

当我为 Twisted 生态系统做东西并在 Twisted 的基础设施上运行东西时，我们在任何地方使用 Python 2.7 作为语言，但我们使用 PyPy 作为运行时。它的速度快得令人难以置信！如果你正在运行服务，那么它们可以使用十分之一的资源来运行。

一个 PyPy 进程将占用 80 MB 内存，但是一旦运行，实际上每个解释器将占用更多内存，而每个对象占用的内存更少。所以，如果你正在大规模地做任何 Python 的东西，我认为 PyPy 非常有趣。

一直以来我对 Python 社区的一些困惑是，有这样的东西，不管怎样，对于 Python 2，可以使你的所有代码快 20 倍。这实际上并不是非常流行，事实上 PyPy 的下载统计数据仍然表明它不像 Python 3 那样流行，而 Python 3 的受欢迎程度确实大幅上升。

> **Glyph Lefkowitz：“PyPy 缺乏可行的 Python 3 实现开始对它造成相当大的伤害。”**

我确实认为鉴于人气的上升已经发生，PyPy 缺乏可行的 Python 3 实现开始对它造成相当大的伤害。但是在 Python 3 下载量甚至只有 PyPy 下载量的 10％之前，这种情况已经存在很长时间了。所以我一直想预测这是 PyPy 普及的一年，但它似乎永远不会发生。

Driscoll：你认为 PyPy 为什么还没有在服务器上普及？

Lefkowitz：我还不太清楚是为什么，因为特别是对于那些基础设施投入巨大的公司来说，这可以为他们每年节省数百万美元。

你可以告诉那些公司，如果他们重写所有代码，每年将节省数百万美元。问题是他们将面临巨大的安全风险，扩大他们的开发团队规模，并且在两年内没有任何功能进展。这是一个糟糕的权衡，我可以理解你为什么不想这样做。

对于 PyPy，我们说：“为什么这不是未来？我们只是偶然进入这个新的解释器。”我们不能使用它是有原因的，例如科学 Python 社区的工具还不能用于 PyPy。但这实际上是例外而不是规则，甚至 NumPy 程序也主要在 PyPy 上工作。去年我写了一些广泛使用 PyPy 的 OpenGL 的东西，这样做非常有趣。

Driscoll：你喜欢 PyPy 的什么？

Lefkowitz：你使用 CPython 编写一个 OpenGL 程序，它正在努力保持每秒 50 帧的帧率。你在 PyPy 中做同样的事情，程序的帧率是每秒 300、400 或 500 帧，既不费力也不会占用 CPU。

> **Glyph Lefkowitz：“我希望看到 Python 采用更先进的技术。”**

我希望看到 Python 采用更先进的技术，但出于某种原因，我们集体落后了。我认为对于确定 Python 的发展方向至关重要的另一件事是我们可以在多大程度上摆脱以 *pip* 作为用户安装应用程序的工具。

我认为我们需要一个关于如何编写跨平台 GUI 代码的更好的解决办法，即使它是非常基本的。例如，tkinter 已经糟糕到人们不使用它了。我们需要一个关于如何打包应用程序的更好的解决方案。

我想制作一个可以上传到 App Store 的应用程序，甚至在我们开始讨论移动设备之前。随之而来的是资源限制问题。我想编译我的应用程序并将其放在别人的计算机上，但现在这样做太难了。

Driscoll：你觉得现在开发应用程序变得更容易了吗？

Lefkowitz：像 pybee/briefcase 这样的项目鼓舞了我，我认为它们终于开始获得一些吸引力。

它们都是非常小的项目，面前有很多大的问题。但它们也都非常坚定，具有处理这些问题的真实经验。iOS Python 应用程序 Pythonista 使用它们的代码证明了这一点。

我认为构建和集成 Python 程序的情况一直在变得越来越好。我乐观地认为，在接下来的五年内，完全用 Python 编写的应用程序将不再少见，不再是我们现在拥有的少数几个例子。

如果你能够从一台计算机到另一台计算机实际获取 Python 代码的唯一方法是 Docker，那将是一种耻辱。Python 应该在你的 Mac 上，它应该在你的 Android 上，它应该在你的 Linux 机器上，它应该在云端，它应该在你的 Raspberry Pi 上。特别是随着物联网的出现，我真的希望更多的东西都在运行 Python Web 服务器。

> **Glyph Lefkowitz:"最终任务是 Python 出现在每个端口,我们真的觉得这是一个重要的任务。"**

最终任务是 Python 出现在每个端口，我们真的觉得这是一个重要的任务。人们实际用来与边缘网络设备（如 Nginx、Apache、XM 和 BIND）通信的服务也是用 C 编写的。

我们正在用这些高级语言编写我们所有的应用程序代码。实际上将这些字节从线路中拉出来，将它们交给你的应用程序，然后解析它们的都是 20 年前几乎没有维护的 C 程序。这是一个真正的危险。

有人认为不能用 Python 做加密。加密原语需要用 C 编写，但这些只是安全应用程序的一小部分。更高级的加密结构可以（并且确实应该）完全用 Python 组装，在那里你要将多个加密基元组合成一个可工作的整体。在 C 中进行组合是危险且容易出错的。

在许多情况下，你必须跳转到一个子层，但你必须使用一种语言编写加密原语，以告诉底层硬件花费固定的时间来完成任务。所以它必须是完全独立的数据输入。它也必须非常快，因为你不想为加密东西而付出巨大的开销。无论如何，你只需加密它们。

Driscoll：你认为 Python 语言会留下来吗？

Lefkowitz：哇，这是一个有趣的问题！我认为许多拥有 Python 那样的生命周期的语言已经慢慢地变成遗留状态。

总的来说，我认为 Python 语言发展的方向之一就是前进。它仍然是一个令人难以置信的充满活力的社区而且还在不断增长。它在开始时增长缓慢，现在仍在缓慢增长，但它多年来一直在不断增长。我觉得这很有意思，因为有很多语言都是一闪而过。Ruby 曾经非常受欢迎，然而随着 Rails 失去人气，它的受欢迎程度大为下降。

> **Glyph Lefkowitz:"我认为 Python 将比前几代语言拥有更长的寿命。"**

我认为 Python 将比前几代语言拥有更长的寿命，那些语言处于鼎盛时期是超级热门的技术，然后随着下一代语言的出现逐渐消失。我认为 Python 正在成为它自己的下一代。具有讽刺意味的是，我认为 Python 3 只是其中非常小的一部分。

我真正希望发生的一件事情，也是我认为另一件尚未成熟的事情，就是浏览器中的 Python。Skulpt、Pyjs、PyPy.js 以及其他一些项目都有很好的概念证据，但是没有人会坐下来说："我是一名新的 Python 程序员，我想做一个前端 Python 应用程序。我该怎么办？"

对此的答案是真正让你做你想做的事情的只能是在这个项目中的 Git master 上。你必须仔细查看这个项目并查看另一个项目。当你问这个问题："好吧，为什么我不能用 pip 安装呢？"答案是："我们仍然在努力，它还没有完全完成。"

> **Glyph Lefkowitz:"我确实认为 Python 肯定会基于各种不同的后端处理能力不断增长。"**

当然答案应该是你可以用 pip 安装，它不应该比这更难。这就是我希望社区能够实现的目标，但我确实认为 Python 肯定会基于各种不同的后端处理能力不断增长。

我还认为作为一种语言和一个生态系统，Python 的发展方向是更加多样性。这将把我们带到一些我无法预测的令人惊讶的地方，但我会说，看起来 Python 将会存在很长一段时间。我认为就目前而言，Python 的发展方向是数据科学。显然现在有很多人对数据科学感兴趣。

Driscoll：Python 在人工智能和机器学习热潮中得到了很多应用。你认为这是为什么？

Lefkowitz：人工智能是一个有点笼统的术语，往往意味着当前计算机科学研究中最先进的领域。

曾经有一段时间，我们理所当然地认为是基本图形遍历的东西被认为是 AI。当时，Lisp 是一种很强大的 AI 语言，只是因为它比其他语言更高级，研究人员更容易用它制作快速原型。我认为一般意义上 Python 已经在很大程度上取代了它，因为除了具有类似的高级别之外，它还拥有出色的第三方库生态系统以及对操作系统设施的完美集成。

Lisp 用户会反对，所以我应该说清楚一点，我没有对表达性层次结构中 Python 的位置作出精确的陈述，我只是说 Python 和 Lisp 都属于同一类语言，都有垃圾收集、内存安全性、模块、命名空间和高级数据结构等东西。

更具体地说，如今很多人说人工智能时其实是指机器学习，我认为还有更具体的答案。NumPy 及其附带的生态系统的存在允许一个非常研究友好的（research-friendly）高级事物的混合，具有非常高性能的数字运算。机器学习就是高强度的数字运算。

> **Glyph Lefkowitz**："Python 社区专注于为非程序员提供友好的介绍……确实增加了它在数据科学和科学计算的姐妹学科中的应用。"

Python 社区专注于为非程序员提供友好的介绍和生态系统支持，

确实增加了它在数据科学和科学计算的姐妹学科中的应用。无数工作的统计人员、天文学家、生物学家和业务分析师已成为 Python 程序员并改进了工具。编程基本上是一种社交活动，Python 的社区比除了 JavaScript 的任何其他语言的社区都更清楚认识到这一点。

机器学习是一个特别重集成的学科，从某种意义上说，任何人工智能/机器学习系统都需要摄取来自真实世界的大量数据作为训练数据或系统输入，因此 Python 的广泛库生态系统意味着它通常可以很好地访问和转换这些数据。

Driscoll：如何让 Python 成为更好的人工智能和机器学习语言？

Lefkowitz：更多地使用 PyPy。目前，Python 中的数据科学/机器学习生态系统非常专注于 CPython 运行时，这是不幸的。

这意味着通常在不对 PyPy 进行测试的情况下创建新工具，这样当他们遇到性能瓶颈时，用 C（或者用 Cython，如果幸运的话）重写核心逻辑是任何重大项目都不可避免的。

> **Glyph Lefkowitz:"目前，Python 中的数据科学/机器学习生态系统非常专注于 CPython 运行时，这是不幸的。"**

这在很大程度上是一个社会问题，并且如果维护者关心的话，就修复问题所需花费的资源而言，阻止当前 Python 人工智能/机器学习基础设施的某些部分在 PyPy 上运行或运行良好的技术挑战并不重要。但是，从那些不参与这些项目的人（正在启动一个项目并试图使用 PyPy）的角度来看，是一些不可思议的失败。

这在 Python 应用程序的几个领域中都是如此，我只是希望有更多的人会认为 Python 是一种非常快速、与 Java 甚至 C++ 相媲美并在评估其测试矩阵时可进行相应规划的语言。

> **Glyph Lefkowitz:"我只是希望有更多的人会认为 Python 是一种非常快速、与 Java 甚至C++相媲美的语言。"**

Driscoll：你希望在未来的 Python 版本中看到哪些变化？

Lefkowitz：我的主要愿望是在建立新项目时有一些很好的默认设置。

例如，如今你必须知道当你安装 Python 时，你还需要安装 pip，然后你还需要创建一个 virtualenv，但所有这些步骤都是可选的。你还必须手动创建一个 setup.py 来描述你的项目，然后了解构建轮子、指定依赖项等。

我希望看到的是 Python 提供最佳实践的集成视图，它使得你很难迷失在安装东西时的繁杂事项中。这可能只是有一个 new project 按钮，这样对于刚刚起步的用户来说，一个 Python 项目看起来就像任何其他类型的文档。此外，Python 可能看起来更像是一个应用程序，即使该应用程序需要大量使用命令行。

其次，我希望看到有一些工具可使库的作者更容易保护私人实现细节免遭意外破坏。例如，你可以导入库导入的东西，而不是导入库尝试定义的东西。目前，升级 Python 库存在风险，因为每个库的每个用户都可能犯了这样的错误并依赖于一个缺陷。

我想让用户用来轻松创建项目的工具将从该语言中获益良多，但是围绕模块的这种类型的边界实施必须内置到该语言中。在生态系统中构建它将是非常困难的。

Driscoll：那么你认为 Python 社区最好的事情是什么？

Lefkowitz：我认为非常好的一件事是对多样性的承诺。很多人认为这是一个政治问题，或者说支持多样性和反对多样性的派别各不相同。多样性几乎被视为在某种程度上剥夺了技术性的东西。

我可以分享自己对多样性和社会正义产生兴趣的历程。我环顾了一个 Twisted 的项目，然后我说："为什么我们 100％都是男人？这里发生了什么？我们做了什么阻止女性远离这个项目？"

> **Glyph Lefkowitz："我们显然错过了世界上一半的最明显的人才。"**

我感觉很糟糕，我们显然错过了世界上一半的最明显的人才。他们没有露面。所以肯定有一定程度的利他冲动，但我也认为 Python 社区内的很多人都认为这是一个真正的技能差距问题。

如果我们没有让不同群体的人们与我们一起工作并参与我们的社区，那么我们就不会制作出对世界上很多人都有用的软件。我们将错过很多人才，我们会错过很多有趣的声音，这些声音会挑战我们，让我们成为一个更有趣的社区。

> **Glyph Lefkowitz："如果我们没有让不同群体的人们与我们一起工作……那么我们就不会制作出有用的软件。"**

因此，当我们早些时候谈到 Python 社区发展的技术方向时，这些方向是通过追求多样性来实现的。我相信 Python 在生命科学中很受欢迎的原因之一是它与其他科技行业有着不同的人口细分。我认为 Python 在那里取得了真正的进展，很大程度上是因为人们关注 Python 社区并且不会被吓跑。它不是一种令人生畏或排他的环境。

> **Glyph Lefkowitz："Python 社区并不完美。我们还有很长的路要走。"**

现在来说，我觉得评论这个有些奇怪，因为我也觉得 Python 社区并不完美。我们还有很长的路要走。整个科技行业突出了女性，仅仅因为这是最明显的人口差异，但也有很多其他代表性不足的群体。

你看看整个软件行业的女性代表，大约占比为 25％到 30％，这取决于测算方式。你再看看开源社区，大约只有 5％的女性，而这已比几年前好很多，那时大约是 1％。

Python 社区比这好得多，但是当你看到那些积极参与项目的人时，你会发现它甚至没有达到行业平均水平，更不用说总体人口平均水平了。

Driscoll：Python 社区如何鼓励更多元化？

Lefkowitz：我认为我们还有很长的路要走，但事实上 Python 社区在很大程度上已经认识到影响技术的很多方面的真正问题是很重要的。多样性是一个影响技术文化的问题。

> **Glyph Lefkowitz**："**多样性是一个影响技术文化的问题。**"

你有其他社区，如 Clojure 或 Erlang，它们提供了出色的技术，但它们并不真正关心多样性问题。你可以从它们的思想中文化的单一性以及缺乏变得更受欢迎的成功因素看出这一点。

我认为一个紧紧跟随 Python 脚步的社区是 Rust。尽管它写起来非常低级别且有点乏味，但他们用那种语言确实有一些很好的想法。由于对社区的组织方式更具包容性和更深思熟虑，Rust 的受欢迎程度从语言列表中排名靠后的位置一路飙升。

**Glyph Lefkowitz:"我认为 Python 社区的包容性绝对
是最好的。"**

我认为 Python 社区的包容性绝对是最好的。这不仅仅是对其政
治取向的评论，还是对其未来产生有趣技术的能力的评论。

我认为 Python 已经非常友好了。它对来自新社区和不同社区的
许多人开放。我真的不知道如何预测未来，因为它将取决于接下来谁
会出现。

Driscoll：谢谢你，Glyph Lefkowitz。

5

Doug Hellmann
（道格·赫尔曼）

Doug Hellmann 是一位美国软件开发者和作者。他是 Python 软件基金会（PSF）的成员，并担任了通信主任近两年的时间。在成为主编之前，Doug 是 *Python* 杂志的专栏作家。他还创建并维护了流行的 "本周 Python 模块"（*Python Module of the Week*）博客系列，这些内容在他的 *The Python 3 Standard Library by Example* 一书中编辑和发布。Doug 在 Red Hat 公司担任高级首席软件工程师，专注于社区领导并实现 OpenStack 的长期可持续性。

讨论主题：OpenStack, virtualenvwrapper, v2. 7/v3. x。

Doug Hellmann 的推特联系方式：@doughellmann

Mike Driscoll：你为什么成为程序员，Doug?

Doug Hellmann：我在很小的时候通过当地学校提供的夏季项目就对计算机感兴趣。我喜欢编程，了解了计算机是如何工作的，所以我决定在大学攻读 CS 学位。我们在学校所做的事情强化了编程是我可以享受的生活方式的观点。

Driscoll：为何选择 Python? 是什么让 Python 对你来说很独特？

Hellmann：1997 年我开始使用 Python，当时我在一家名为 ERDAS 的 GIS 软件公司的工具和构建管理小组工作。

我们需要构建一些工具来帮助管理几个 UNIX 平台以及 Windows NT 和 95 上的工具。我们有很多 Makefile 和 shell 脚本，但它们并不具有可移植性。我使用 Python 越多，就越能找到使用它的新方法。

> **Doug Hellmann："我使用 Python 越多，就越能找到使用它的新方法。"**

在第一次学习 Python 之后，我记得我很高兴自己找到了一种易于使用的新工具语言，并且很遗憾我工作的公司并没有让我们将它用于当时的"实际工作"！

Driscoll：Doug，你后来成为我非常喜欢的 *Python* 杂志的技术编辑。我一直想知道 *Python* 杂志是如何开始的……为什么它会停止？

Hellmann：*Python* 杂志是从 Brian Jones 担任第一任总编辑开始的。

Brian 将这个想法向出版商 MTA 提出。MTA 一直专注于 PHP 社区，但也赞同 Python 社区似乎可以支持一本杂志。

这是正确的吗？好吧，我们刚开始做得还可以，但我认为对于新的付费印刷出版物来说推出的时机不对。今天，电子杂志可能会运作得更好，但这是一个艰难的行业。

Driscoll：是什么让你也开启了非常成功的"本周 Python 模块"（PyMOTW）博客系列，Doug？是什么促使你写 PyMOTW 超过 10 年？

Hellmann：是的，已经十多年了。我在 2007 年开启了 PyMOTW 博客系列（https://pymotw.com）作为一种促使我自己定期写作的方法。我觉得确定一个主题可以让你更容易找到要写的话题，每周写一次似乎是一个很好的目标。

社区其他成员的兴趣随着时间的推移缓慢增长，但反馈大多是积极的。如果不是所有人给我的反馈和支持，我相信我很早就放弃了。

Driscoll：你的书是怎么出炉的，Doug？

Hellmann：在项目开展几年后的一次 PyCon 大会上，Mark Ramm 向我介绍了 Pearson 的编辑 Debra Williams Cauley。我提出了整理博客文章并将该系列文章编辑成书的想法。Debra 帮助我弄清楚如何组织博客内容以适合出版。Pearson 的整个团队都很棒。

> **Doug Hellmann**："*The Python 3 Standard Library by Example* 包含数百个与操作系统、解释器和互联网交互的模块。"

Driscoll：你的书对 Python 开发者非常有帮助。那么你认为新的 Python 程序员在学习基础知识后应该怎么做？

Hellmann：我鼓励人们通过挑选他们想要为自己解决的问题来设定目标。这为他们提供了一个学习框架，学习如何将项目分解成可以每次实现一个的若干个小项目，从而帮助他们专注于一次学习一项技能。

在 PyOhio 2015 大会上，我谈到了我自己的一个项目作为例子。当然，并非所有项目都需要像 Smiley 这个例子那样复杂：

https://doughellmann.com/blog/2015/08/02/pyohio-talk-on-smiley-and-iterative-development/

每个程序员都会构建一些丢弃的工具脚本以及更复杂的可重用项目，而所有这些都是学习新东西的机会。

> **Doug Hellmann:"每个程序员都会构建一些丢弃的工具脚本以及更复杂的可重用项目,而所有这些都是学习新东西的机会。"**

另一个好的学习方法是参加当地的聚会，并与其他程序员交谈。亚特兰大 Python 聚会小组尽量维持良好的入门级别和更高级别会谈的组合，以鼓励具有一系列技能的人参加我们的聚会。有时，信息量最大的部分是演讲后的问答环节，或中场休息时的讨论环节，这样你就有机会要求更多细节或澄清。

Driscoll：你现在参与了哪些进行中的项目？

Hellmann：在过去的 5 年里，我一直在做有关 OpenStack 的各个方面的项目。除了云管理软件本身，我们还制作了一些有趣的工具，如 pbr 库，以帮助打包。

Driscoll：那么你是如何成为 OpenStack 开发者的？

Hellmann：我开始在 DreamHost 上开发 OpenStack。我通过亚特兰大 Python 聚会认识工程副总裁乔纳森·拉库尔（Jonathan LaCour）有好几年了，时机正好，他需要人手，而我正好有兴趣换工作。我们在亚特兰大地区有一个小团队，我们相互帮助着，引导进入 OpenStack 社区。

> **Doug Hellmann：**"我通过亚特兰大 Python 聚会认识工程副总裁乔纳森·拉库尔（Jonathan LaCour）……"

Driscoll：所以聚会的力量真的体现出来了！你目前对 OpenStack 的目标是什么？

Hellmann：我有一个来自 Red Hat 的非常有弹性的任命，为保持 OpenStack 社区健康所需的一切而工作。

我是技术委员会的成员，该委员会是由我们选举出的管理机构。我们尝试指导项目，并在我们作出重大决策时帮助大量贡献者形成某种程度的共识。

> **Doug Hellmann：**"我有一个来自 Red Hat 的非常有弹性的任命，为保持 OpenStack 社区健康所需的一切而工作。"

我还担任过奥斯陆团队的负责人，负责管理各种 OpenStack 服务之间共享的公共库集合。我们尝试将库构建为尽可能可重用，但有时我们需要在 OpenStack 中共享对任何其他人都没有用的代码。

我还进行了发布工具方面的工作，扩展了管道，使发布流程从用于 5 个项目的高度手动流程扩展到支持大约 350 种不同可交付成果的高度自动化流程。我已经构建了一些像 reno 这样的工具，这是我们的发布说明管理程序，并且我会在有人需要帮助的时候参与其他项目。

Driscoll：那么，谈谈关于你创建的一些工具，你创建 virtualenv wrapper 的灵感是什么？

Hellmann：当我担任 *Python* 杂志的技术编辑以及之后的主编时，我最终需要管理很多不同的 virtualenv。每位作者都提供了安装适用于他们的文章的工具的说明，而我希望能够测试代码。

我开始编写一些别名以令管理环境时更容易一些，项目从这里开始有机地发展。自从我将注意力集中于 OpenStack，我的工作流程发生了显著变化，所以我没有像过去那样为 virtualenvwrapper 作出贡献。我很高兴如今 Jason Myers 成为这个项目的主要维护者。

Driscoll：所以你能告诉我们当你创建 virtualenvwrapper 时，你学到了什么吗？

Hellmann：当然，我实际上可以想到我在创建 virtualenv wrapper 时学到的三件事。

首先，我了解了贡献来自令人意想不到的方向。Doug Latornell 提供了支持 ksh 的原始补丁。我不知道有人会对支持 ksh 感兴趣，所以我没有考虑过 Bash 之外的东西。尽管我认为他当时正在 AIX 系统上使用 virtualenvwrapper，但是他的补丁在合并后很容易被集成和支持。

我学到的第二件事是保持它的趣味性是很重要的。例如，我创建了以下网站只是因为 Alex Gaynor 的推文：

https://bitbucket.org/dhellmann/virtualenvwrapper.alex

"virtualenvwrapper.alex 为与普通 virtualenvwrapper 命令相关的拼写错误安装别名。它的存在是因为 Alex Gaynor 的礼貌要求。"

我必须提供的第三个学习点是，你不能总是取悦所有人。因此 virtualenvwrapper 支持插件以使人们能够共享他们的扩展，但现在有了一整套类似的工具，如 pyenv，vex 和其他操作模型非常不同的工具。这很棒！正如我所说，我自己的工作流程已经发生了很大变化，我不再那么依赖 virtualenvwrapper 了。

Driscoll：如果你能从头开始开发 virtualenvwrapper，你会做

些什么不同的事情？

Hellmann：我是基于 Python 3 的 `venv` 而不是 `virtualenv` 来构建它的，而如今我会将它设计为一个带有子命令的主命令。

Driscoll：你对现在的 Python 最感兴趣的是什么？

Hellmann：我一直对这个充满活力的社区感到非常兴奋。随着越来越多的人发现 Python 或将其应用于新领域，该社区正不断扩大。

Mike Driscoll：你对 Python 2.7 的长寿有何看法？

Hellmann：Python 2.7 的长寿反映了基于向后兼容的上游变更来重写功能软件并不是大多数公司的高优先级这样一个现实。

我鼓励人们使用他们自己的部署平台上可用的最新版本 Python 3 来处理所有新项目。我还建议他们重新仔细考虑移植他们剩余的遗留应用程序，因为现在得到最积极维护的库都支持 Python 3。

Driscoll：你希望在未来的 Python 版本中看到哪些变化？

Hellmann：我现在对打包相关的工作最感兴趣。这些更改不会进入 Python 本身，而是进入 `setuptools`、`twine`、`wheel`、`pip` 和 `warehouse` 等工具。简化打包和分发 Python 包的过程将有助于我们所有用户。

Driscoll：谢谢你，Doug Hellmann。

$\boldsymbol{6}$

Massimo Di Pierro
(马西莫·迪·皮耶罗)

Massimo Di Pierro 是一位意大利网络开发者、数据科学专家和讲师。在过去的 15 年里，Massimo 一直是芝加哥德保罗大学（DePaul University）计算学院的教授。他是 web2py——一个用 Python 编写的开源 Web 应用程序框架的发明者和首席开发者。Massimo 是一位全球开源 Python 项目的长期贡献者，并出版了三本关于 Python 的书籍，包括 *Annotated Algorithms in Python*。他在 Python 社区的积极工作让他当选为 Python 软件基金会（PSF）的成员。

讨论主题：web2py，Python 书籍，v2. 7/v3. x。
Massimo Di Pierro 的推特联系方式：@mdipierro

Mike Driscoll：你是怎么成为一名计算机程序员的？

Massimo Di Pierro：我是一名物理学家，但实际上我在初中时就开始进行计算机编程。我爸爸在家里有一台 IBM 电脑。他是 COBOL 程序员，主要使用会计软件来工作。

当我 13 岁的时候，我爸爸就用 COBOL 做了一次演讲。我和他一起去了，当时他认为我只是在做笔记，但其实我明白他说的是什么，点击了什么。在那之后爸爸给了我一台 Commodore 64，最初我用 BASIC 来开始编程，然后是 Pascal。

Driscoll：那你是如何开始使用 Python 语言的？

Di Pierro：那是很晚的事了。当时我正在英国攻读博士学位，而我主要用 Fortran、C 和 C++编程。我的专业是晶格量子色动力学，我用的机器是 Cray T3E。就在那时我开始学习 Python。当时，它主要用作自动文件处理和脚本维护任务的工具。到 2004 年，它已成为我最喜欢的语言。

Driscoll：有没有一些使你确定 Python 是你最喜欢的语言的顿悟，还是你仅仅是用这门语言而已？

Di Pierro：当时在 Python 中存在的很多库在今天要么无法使用，要么是不成熟的。

我真正喜欢 Python 的是它可以做自我检查：我可以问一个函数它的参数是什么。因此，使用 Python，我可以编写能在某种程度上理解自己的代码。

> **Di Pierro**："使用 Python，我可以编写能在某种程度上理解自己的代码。"

我记得很多年前使用 BASIC 做过类似的事情，但我不能用像

C++这样的语言轻松做到这一点。我真的很喜欢编写一个可以重写自己的程序这样的想法。例如，我编写了一个名为 OCL 的库，它允许我在 Python 中修饰一些简单的函数，它们在运行时在 C 或 OpenCL 中转换，并以更高的速度运行（它使用 PyOpenCL）。

Driscoll：是什么让你创建 web2py?

Di Pierro：web2py 项目开始于 2007 年。那时，两个最流行的 Python 框架是 Django 和 TurboGears。我有两个需求：我想在模型-视图-控制器架构中教 Web 开发，而对于我自己，我需要构建一些 Web 应用程序。

我正在评估 Django 和 TurboGears，而我使用 Django 已经有一段时间了。我用 Django 为联合国建立了一个内容管理系统，作为与大学的公益合作。所以我很熟悉 Django，但我认为 Django 很冗长，很难作为用于教学的首选框架。

例如，为了能够在 Django 中作好准备，你需要熟悉 Bash shell 和一些系统管理工具。当时我的很多学生都没有这方面的经验。所以我想用 Python 来教授 Web 开发，但对我来说，通过所有工具来实现这一点都会有太多的工作要做。我需要一个可以下载文件、启动并通过 Web 界面完成所有操作的框架。

> **Di Pierro**："我需要一个可以下载文件、启动并通过 Web 界面完成所有操作的框架。"

我也使用过 TurboGears，相比 Django，它的很多方面我更喜欢。但 TurboGears 当时正在经历一次重大转变。它是一个由组件组装而成的框架，而许多组件正在被替换，因为它们没有得到维护。

TurboGears 似乎没有稳定的 API，因此它不适合作为我的教学工具。所以我决定运用我所学到的东西建立一个框架，在我看来，以这个框架起步会比较简单。我从没想过这个框架会那样受欢迎。

> **Di Pierro:**"我决定运用我所学到的东西建立一个框架，在我看来，以这个框架起步会比较简单。"

Driscoll：那么你认为在创建 web2py 时学到的最重要的东西是什么？

Di Pierro：我学到的最重要的东西是建立社区的重要性。我通过远程合作了解了很多人，尽管其中有许多人我至今还没有见过。

当我启动 web2py 这个项目时，我还不熟悉像 Git 这样的协作工具。第一个版本的 web2py 使用了 Launchpad。我记得当时的互动是，人们给我发了电子邮件，提供帮助或提出建议。我没有为此作好准备。

> **Di Pierro:**"我仍然认为能够远程与人合作是一项关键技能，即使你并不了解他们。"

多年来我一直不知道如何进行协作。现在，我仍然认为能够远程与人合作是一项关键技能，即使你并不了解他们。我的意思是，最终我了解了他们并且非常信任他们。我最信任的一些人正是我通过 web2py 遇到的人。

Driscoll：你认为你在 FaaS 或 Django 中看到过哪些你觉得用于 web2py 会不错的功能吗？

Di Pierro：web2py 的实现很大程度上归功于 Django，因为有很多想法来自它以及其他框架。然而，我们在 web2py 中添加了 Django 当时没有的许多功能。例如更强的默认安全设置，像是默认情况下始终转义字符串。不同的框架有着截然不同的思想体系。

有许多项目使用 Django，每个项目都有不同的名称和自己的维护者。它们非常先进并且被维护得很好。在 web2py 中，我们尝试将所有内容保存在一个包中，这样我们就没有框架之外的大型生态系统。

> **Di Pierro："web2py 的实现很大程度上归功于 Django，因为有很多想法来自它以及其他框架。"**

web2py 有很多源于其他框架的想法，但我相信我们改进了其中的一些想法。例如，web2py 中表单生成和处理的机制并不是唯一的，但是在开发时，它比竞争对手更好。

模型-视图-控制器设计架构主要取自 Django，URL 映射也非常相似。对于后者，我们给了它默认的路由规则，和 Ruby on Rails 中的一样。对于模板语言，我们确定我们不需要一门特定领域语言。相反，我们希望在模板中使用纯 Python，它与 Ruby on Rails 中的 ERB 模板语言具有相同的模型，但使用的是 Python 语言。

后来在 web2py 中添加的其他功能也受到了其他框架的启发。例如，我喜欢 Flask 的是线程局部（thread-local）变量这个想法。因此，线程局部允许任何模块访问当前请求对象、当前响应对象或当前会话，即使代码植根于从其他位置导入的模块中。我很喜欢 Flask 处理的方式。

所以肯定有很多想法来自其他框架，我认为有很多相互学习的想法。不是每个人都会承认这一点，但我很高兴承认这一点。

> **Di Pierro："有很多相互学习的想法。不是每个人都会承认这一点，但我很高兴承认这一点。"**

Driscoll：我看到你开始自己出版书籍了。那是怎么发生的？

Di Pierro：我是一名学者，所以我应该写论文和写书。因为我正在为软件编写文档，所以能够快速更新书籍内容对我来说非常重要。自出版正允许这样做。

我真的相信开源，不仅仅是代码的开源，还有教育内容的开源。我花了一定的代价自出版我的书并且让它们可以免费下载。对我来说，让内容更新并快速上市是首要任务。

而且，如果我写一本书，那是因为我希望人们阅读它，而不是因为我认为有利可图。最后，内容的验证来自读者，而不是来自出版商。所以我发现自出版对我来说非常理想。即便如此，一旦你完成了一本书，你就不想过多地提到它。相反，你想写另一本书！

Driscoll：你在写书时需要克服什么挑战？

Di Pierro：嗯，首先，我不是母语为英语的人。所以我可以写，但我往往会犯很多错误。我需要花不少时间去审查并确保错误被修订了。

> **Di Pierro**："即使我认为自己是专家，但这并不意味着我了解一个主题的一切。"

另一个挑战是，即使我认为自己是专家，但这并不意味着我了解一个主题的一切。我总是有一个流程，即首先编写代码，然后查看代码，再将代码转换为文件或书籍。通过这种方式，我设法使文本与代码示例一致。如果在编写完文本后更改了代码，那么有时文本会不同步，所以我尝试确保我的示例尽可能好且完整。

围绕 *web2py* 这本书的一个挑战是有很多人在 GitHub 上对于这本书提交合并请求。他们最初通过进行小幅修正作出了贡献，但现在有时他们的贡献相当大。

与贡献者保持联系是很困难的，因为虽然我知道他们的 GitHub 用户名，但我无法将这些名字与具体的人对应起来。人们总是向我发送代码，但他们从不在致谢部分提交合并请求。我的工作就是找出这些人是谁并向他们表示感谢。

Driscoll：作为一名科学家或老师，你如何看待 Python 帮助科学界？

Di Pierro：我可以看到 Python 已经发展了很多，尤其是在科学界。特别是，我看到了所有已经出现的机器学习内容的增长，例如 sklearn、TensorFlow 和 Keras。

我记得当我 15 年前开始教学时，人们不知道 Python 是什么。一些同事反对从使用 Java 转换为使用 Python 作为主要的教学语言。Python 被许多人认为"只是一种脚本语言"，而且非常专业。

> **Di Pierro："Python 被许多人认为'只是一种脚本语言'，而且非常专业。"**

今天，在我们教授的几乎所有课程中，无论是神经网络课程、机器学习课程还是数据分析课程，几乎每个人都使用 Python。所以事情在这方面确实发生了很大的变化。

> **Di Pierro："我看到的主要问题是 Python 2 和 Python 3 之间的关系仍然是一个问题。"**

我看到的主要问题是 Python 2 和 Python 3 之间的关系仍然是一个问题。在 DePaul 大学，我们几乎到处使用 Python 3，而业界仍然大多使用 Python 2，这有时是一个问题。

另一个问题是很少有人使用 Python 3 中提供的新异步逻辑。我认为 Python 的新异步逻辑非常强大，但它不像 JavaScript 的异步逻辑那么友好。真正喜欢事件驱动的异步编程的人往往更喜欢 JavaScript（和 Node.js）而不是 Python。

> **Di Pierro："我认为 Python 的新异步逻辑非常强大，但它不像 JavaScript 的异步逻辑那么友好。"**

Driscoll：实际上我对这些开始支持 Python 2 的其他公司有点担心。如果他们继续支持 Python 2 而不是 Python 3，那么你认为这些正在追随 Anaconda 或 Intel 的分裂组织会发生什么？

Di Pierro：嗯，我认为 Python 3 是比 Python 2 更好的语言，但我认为从 Python 2 迁移到 Python 3 很困难。它不能完全自动化，通常需要理解代码。人们不想触及目前有用的东西。

> **Di Pierro："我认为 Python 3 是比 Python 2 更好的语言，但我认为从 Python 2 迁移到 Python 3 很困难。"**

例如，Python 2 中的 str 函数转换为字节字符串，但在 Python 3 中，它转换为 Unicode。因此，在没有实际检查代码并了解传递给函数的输入类型以及预期的输出类型的情况下，无法从 Python 2 切换到 Python 3。

在你的输入中没有任何奇怪的字符（比如不映射到 Unicode 的字节序列），简单的转换就可以很好地工作。但当这么做后，你不知道代码是否正在执行原本应该执行的操作。以银行为例，他们拥有庞大的 Python 代码库，这些代码库已经过多年的开发与测试。他们不会轻易转换，因为很难证明这个成本是合理的。想想看：一些银行仍然使用 COBOL 呢。

有一些工具可以帮助你从 Python 2 过渡到 Python 3。我不是这些工具的专家，所以我看到的很多问题可能都有一个我不知道的解决方案。但我仍然发现，每次我必须转换代码时，这个过程并不像我想的那么简单。

Driscoll：你认为 Python 在被数据科学采用方面遇到了什么挑战吗？

Di Pierro：我认为数据科学家喜欢 Python。Python 的主要竞争对手是 R，我认为 R 在经济学家和统计学家中更受欢迎。但我不认为 R 更受欢迎是因为它更好，只是因为它已经存在更长时间并且更专注。

R 已经存在了很长时间，人们知道他们可以用 R 做什么。熟悉这门语言的人并不认为需要学习不同的东西。R 一直专注于数据科学，因此该社区的人们更熟悉该语言。

> **Di Pierro："我认为 Python 正被越来越多地采用，并最终变得比 R 更受欢迎，因为数据科学。"**

我不会将 R 作为一种语言过多地与 Python 比较，而是与 pandas 库比较。我认为 Python 加上 pandas 在与 R 的比较中是一个令人信服的案例。实际上，我现在在机器学习课中使用的就是 Python 和 pandas。但我认为 Python 正被越来越多地采用，最终在数据科学中将变得比 R 更受欢迎。我毫不怀疑会发生这种情况。

Driscoll：谢谢你，Massimo Di Pierro。

～ 7 ～

Alex Martelli
（亚历克斯·马特利）

Alex Martelli 是一位意大利计算机工程师。他是前两版 *Python in a Nutshell* 的作者，也是前两版 *Python Cookbook* 和第三版 *Python in a Nutshell* 的合著者。Alex 是 Python 软件基金会（PSF）的成员，也是 2002 年 Activators' Choice 奖和 2006 年弗兰克·威利森纪念奖（Frank Willison Memorial Award）的获胜者，以表彰他对 Python 社区的贡献。自 2005 年以来，他一直在 Google 工作，如今他是团队的高级工程师和技术负责人，为 Google Cloud Platform 提供社区支持。Alex 是 Stack Overflow 上活跃的撰稿人，经常在技术会议上发表演讲。

讨论主题：Python 书籍，v2. 7 / v3. x，Google 的 Python。
Alex Martelli 的推特联系方式：@aleaxi

Mike Driscoll：你能给我们介绍一些关于你的背景信息吗？

Alex Martelli：我在我的祖国意大利毕业于电气工程专业。然后我开始寻找可以设计集成电路的工作。设计其他类型的系统听起来很酷，但我做的是集成电路设计。

当时，大多数真正有趣的设计都是由美国公司完成的，所以最后我的第一份工作是在美国的德州仪器（TI）公司，它现在还存在。

TI 非常杰出，有很多消费产品和许多非常有趣的芯片。然而我们似乎不太合拍，因为 TI 的工作风格包括启动很多项目并且非常突然地终止它们。我一再地发现自己在一个要被终止的项目团队中。

> **Alex Martelli："我一再地发现自己在一个要被终止的项目团队中。"**

我不能责怪 TI。他们试图尽量减少对工程师生活的干扰，而作为最年轻的家伙和移民，我显然在任何地方都没有根。在不到一年的时间里，我在达拉斯、奥斯汀、休斯敦和拉伯克都工作过。这可是在不到一年的时间里待了四个不同的实验室！

这有些让人压力大，于是我重新开始与 IBM Research（IBM 研究院）商谈，之前当我收到来自 TI 的令人感兴趣的 offer 时我曾中止了与它的商谈。它并不广为人知，但 IBM 过去在业务中制造了一些最具创新性的集成电路，特别是在研究层面，这些集成电路不会被大规模生产，而是作为概念证明。IBM 仍然拥有该领域令人难以置信的技术。

我记得大约在那个时候，IBM 因以单个原子拼写单词"IBM"而获得诺贝尔奖，他们非常新颖地使用电子显微镜来放置原子，而不是观察它们。这更让我感到震惊，感觉是个科幻事件。

某个时刻 IBM 决定在意大利，明确地说应该是罗马，建立一个研究实验室，并寻求志愿者。当然，我自告奋勇了。它给了我一个有趣的视角并让我回到了祖国，更好的卡布奇诺和意大利面是主要的吸引力！所以我在 20 世纪 80 年代回到了意大利，而我的职业生涯也从那里开始发展。

Driscoll：你是怎么最终成为一名计算机程序员的？

Martelli：那是在 IBM。我们刚刚完成了原型图像处理机的开发，在当时这个机器令人难以置信。它有专用芯片、大帧缓冲器和显示器，当时花了一大笔钱（尽管现在它被认为没什么特别的）。

> **Alex Martelli**："我们刚刚完成了原型图像处理机的开发，在当时这个机器令人难以置信。"

在成功推出原型机的庆祝活动中，一位总监走过来对我说："祝贺你和整个团队。遗憾的是这个原型机将在一个角落里落灰。"我回答说："为什么它会在角落里落灰？我们在 IBM 研究院有很多各种学科的科学家，天文学家和地质学家都有需求。"

"是的，"他说，"但你的设备不支持科学家使用的编程语言，例如 Fortran 和 APL。要使用该设备，你需要编写一个引导（channel）程序。"地质学家和天文学家不会这样做。需要一个实质性的软件项目来构建他们需要的所有接口和库。

然后我说："好吧，我们不能组建一个小团队来构建该软件吗？"于是他向我挑战："你认为需要多少人？"

我真的很想让"我的"机器投入使用，而不是落灰，所以我回答的数字很少。我说："也许三个？"

他回答说："好吧，我可以投入这些人。你去组建团队。在 6 个月内给我展示实际成果。"

这就是我认为的在 IBM 成为总监的方式。不完全是通过设置很低的目标。所以我不得不临时成为一名低级别的经理（我认为技术领导是正确的术语）。我需要自学足够的软件来开始编写引导程序，将它们合并到库中，并找出他们想要在库中使用哪些算法，特别是那些可以被这个非常强大的外设加速的算法。

Driscoll：你成功了吗？

Martelli：6 个月后，我们只有概念证明，而这几乎没有用，但我们得到了项目继续进行的批准。最后花了几年的时间，但我们确实按照需要为 APL 和 Fortran 提供了工作库。这实际上是非常重要的。

> **Alex Martelli:"我们确实按照需要为 APL 和 Fortran 提供了工作库。这实际上非常重要的。"**

它使这个美丽的硬件变得有意义。它实际上可供科学家和其他程序员用于强大的图像处理和可视化。如果没有中间软件，他们就不会自学汇编编程和引导编程来实现这一点。

在我看来，问题是两年多来，我根本没有做任何硬件设计。我甚至没有关注该领域的进展。硬件设计，特别是在集成电路级，往往每年都会进行一次革命。所以，如果你不熟悉该领域的前沿，那么你就迷失了方向。

Driscoll：这就是你转向软件的原因吗？

Martelli：嗯，我必须意识到，尽管我拥有多年的经验，但是任何刚从大学毕业的聪明家伙都可以随心所欲地使用最新的技术和工具轻易超越我。

另一方面，我也必须意识到，即使是最简单的管理和软件，对我真正想做的事情——用专用集成电路制造很棒的系统来说也是巨大的附加值。

所以经过几年的滑坡之后，我不得不承认我实际上不再能够设计出现代的硬件了。我开始做越来越多的软件和管理工作。我认为有很多人处于类似情况，从硬件开始，然后逐渐意识到他们的硬件并没有真正解决问题。

> **Alex Martelli:"很多人……从硬件开始,然后逐渐意识到他们的硬件并没有真正解决问题。"**

我的女儿现在处于类似情况。她有通信工程（高级无线电系统）博士学位，她非常热衷于硬件。如今，她的工作时间大约有四分之三时间是关于软件的。这是因为基本上所有网络设计，越来越贴近底层，都是由软件驱动的。

你不可能设计出一种专用天线，它本身就可以工作，而不需要智能，也不需要软件。如今，你的设备必须具有令人眼花缭乱的天线阵列和足够的智能，以根据信号质量找出在某些时刻应激活哪些天线。这远远超出了我毕业时无线电的意义，但它真的就是今天的软件网络设计。

Driscoll：那么你是如何最终使用 Python 的呢？

Martelli：哦，这是另外一个的有趣故事。在我进入这个迷人的软件世界之后的几年里，我在业余时间用自己的设备编写了一个实验系统来开发关于定约桥牌（contract bridge）游戏的某些想法。

定约桥牌由 Harold Vanderbilt 于 20 世纪 20 年代发明。直到我开始涉足游戏之时，几乎没有关于它的数学理论。有一个重要的例外：伟大的数学家 Émile Borel 写了一本关于桥牌的数学理论的书。

当时计算机正变得功能强大且价格便宜，足以用于休闲娱乐。所以我重构了在 20 世纪 30 年代首次表达为思想实验的一个想法，并在我的新 PC 上付诸实践。

> **Alex Martelli:**"所以我重构了在 20 世纪 30 年代首次表
> 达为思想实验的一个想法。"

也许我的行为就像一个典型的从硬件转向软件的人，因为我的解决方案并不是一个很好的编程系统，它是多种编程语言的可怕组合。我不清楚用了多少种语言，从 Modula-3 到 Perl，从 Visual Basic 到 Scheme，但整个系统很有效！

Driscoll: 这个程序成功地玩了很多游戏吗？

Martelli: 该程序实际上每手牌玩了一百万次并记录了结果。它证实了 Ely Culbertson——20 世纪 20 年代和 30 年代桥牌界最聪明的人那令人难以置信的直觉。

因此，我将所有内容都写成研究论文并将其提交给该领域最负盛名的杂志 *The Bridge World*。编辑很热情并与我合作大大地改善了论文。我的研究成果发表于 2000 年 1 月和 2 月的 *The Bridge World*。

在那之后，我开始收到包括冠军在内的桥牌玩家的咨询，他们问我："嘿，你能用你的理论和方法来解决我正在努力解决的这个特殊问题吗？"

与他们打交道我很高兴，但是整个系统却是如此脆弱，每次我在某处更改逗号时，都会有一些错误在其他地方爆发。太乱了！所以尽管通常被认为是陷阱，但我决定整个系统需要重写。我希望它尽可能地使用单一语言，但究竟用哪种语言才是真正的问题！

Driscoll: 那你找到了你想要的语言吗？

Martelli: 唯一有足够能力的语言就是 Lisp。老实说，我总是对 Scheme 有强烈的偏爱，但也许这与 Scheme 本身的硬件背景有关。

问题是我可以得到的免费版本没有足够的库来完成我需要做的所

有辅助任务。这是一个个人项目，我已经花了很多时间，而我也不想花钱。一位同事说："嘿，你应该试试这种全新的语言。它风靡一时，被称为 Python。"

> **Alex Martelli:"一位同事说:'嘿,你应该试试这种全新的语言。它风靡一时,它被称为 Python。'"**

我说："哦，拜托！我至少知道十几种语言。我需要的最后一件事总是学习另外一种语言！"但是他一直坚持，而我非常尊重他，所以我终于放弃并尝试了一下。我用这种全新的语言为自己设定了一个小任务，看看我能走多远。

> **Alex Martelli:"我说:'哦,拜托！我至少知道十几种语言。我需要的最后一件事总是学习另外一种语言！'"**

在 20 世纪 90 年代末，我不太了解的另一件事是新奇的"网络"。这看起来很有趣，所以我决定开发一个网站。我在一个周末内自学了网络技术和 Python 编程语言！正如我所说，如果你想做任何事情，你必须在这个领域有点野心！

我在星期五晚上开始学习并持续查看手册。从某个时刻开始我较少查看手册，因为如果我通过类比 Python 如何在别处工作来猜测此时它会怎么做，那么我在超过 90％ 的时间里都是正确的。这种语言似乎是为我的思维方式而设计的，它完全按照我的思维方式工作。

> **Alex Martelli:"这种语言似乎是为我的思维方式而设计的,它完全按照我的思维方式工作。"**

刚到星期六下午我就完成了任务。我有一个可工作的 CGI 和 Web 应用程序，它们正在计算定约桥牌游戏中分组的条件概率！现在，周末剩下的时间我该怎么办？

我说："我知道，它很好，但只有意大利语的，而它对其他语言的读者来说可能也很有意思。让我用英语或法语制作一个多语言版本，这是我说得比较好的另外两种语言。"

我意识到我需要一个模板系统。于是我四处探寻 Python 的模板系统，可是没有成功。我尝试过使用 Gofer 和当时的其他工具。

最后，我决定自己写一个模板系统！我把它命名为另一个 Python 模板实用程序（Yet Another Python Template Utility，YAPTU）。到星期天，它已经可以工作了。于是我把它打包，然后发送到一个分发免费软件的地方，我有了我的工作网站。

Driscoll：你的这个模板获得了别人的关注吗？

Martelli：YAPTU 实际上引起了一个人的注意，他当时恰好在加州大学伯克利分校为计算机科学做网站。他发现 YAPTU 是最好用的模板。他已经决定使用 Python，所以他做了一些改进，然后给我发了一个补丁文件。我们开始讨论事情，然后成为朋友。

> **Alex Martelli**："我们开始讨论事情，然后成为朋友。那个人是 Peter Norvig，他现在是 Google 的研究总监……"

那个人是 Peter Norvig，他现在是 Google 的研究总监，也是最畅销的编程书《人工智能：一种现代的方法》（*Artificial Intelligence：A Modern Approach*）的作者。所以当时 Python 已经开始让我结识一些有趣的朋友了。

我尝试在工作中推动 Python，但遗憾的是没有取得太大的成功。决策权掌握在专业管理层手中，而他们认为未来就是 Windows。其他任何东西都无法生存，即使我们的程序主要用于 Unix 工作站。确实现在你很难购买到 Unix 工作站，到处都是使用 Linux 或 Windows 的 PC。所以从这个意义上说，他们的愿景是正确的。

我并不喜欢我们的编程语言将受限于 Microsoft 真正想要支持的

语言这样的事实。我永远无法获得高层管理人员的正式批准。我要做的就是将 Python 偷偷带到高层管理人员不会注意到的地方，例如我们拥有的所有测试框架，它是 haha.bat 文件的 shell 脚本。

那是在 Windows 的 .cmd 时代之前。它们都变成非常有用且可维护的 Python 脚本，但有点令人不满意。我用了我所有的工作日来调试 Microsoft Fortran 编译器的问题，然后我只可以在这里和那里挤出一点时间来做 Python。

Driscoll：我们换个话题，你最终是如何成为 Python 书籍的作者？

Martelli：我非常喜欢 Python，我想要回馈。我想通过开发这种语言来回报 Guido van Rossum 和 Python 社区中的每个人给我以及其他所有人带来的巨大礼物。

我能做什么呢？当时有一个名为 comp.lang.python 的 Usenet 小组，人们在上面提问并回答问题。我一直有一个帮助人们解决技术问题的本领。于是，尽管我是该语言的新手，但我开始关注这个小组。每当我注意到一个我认为可以有成效地和建设性地回答的问题时，我都会去回答，显然这取得了很大的成功!

> **Alex Martelli:"我一直有一个帮助人们解决技术问题的本领。"**

几个月后，Python 社区的一位老前辈给我起了个绰号 "Martelli Bot"。显然，我是 Python 社区中的第三个 "机器人"。这个绰号的由来是我给出的大量答案总是正确的，于是我就被视为机器人。顺便说一句，提出这个有趣昵称的人是 Steve Holden，我很荣幸地说他是我的最新著作 *Python in a Nutshell* 第三版的合著者之一。

无论如何，这让我在 Python 社区获得了街头信誉，并且让我有勇气与 O'Reilly 出版社取得联系，注意到还没有 *Python in a Nutshell*

这样的书出版。我说："嘿，也许我和一位经验更丰富的合著者可以为此做些什么？"

他们说："你为什么需要合著者？向我们发送样章和章节计划。"一切来源于此。

> **Alex Martelli："我说：'嘿，也许我和一位经验更丰富的合著者可以为此做些什么？'"**

Driscoll：你是如何编写 *Python Cookbook* 的？

Martelli：我不得不绕道来共同编写 *Python Cookbook*，这本书在早期规划中途就失去了一位作者。这很有趣，因为这些秘诀来自社区，但被重新阐述并改编以真正有用地解决傻问题。

我也在 ActiveState 网站上贡献了很多秘诀。这总是很有趣！ActiveState 相当于现在的 Stack Overflow。Stack Overflow 可以很好地解决有关特定主题的技术问题。我在那里非常活跃：我是 Python 标签上排名第二的发布者，并且我是在首页按信誉值排名前 0.001% 的发布者。

顺便提一下，Stack Overflow 的首席数据科学家刚刚发表了一篇关于编程语言流行度以及它如何基于 Stack Overflow 上的标签和问题随时间而变化的研究。用户增长最快的语言正是 Python。

> **Alex Martelli："预测表明到 2019 年初，Python 将成为最受欢迎的编程语言，也是拥有最多活跃开发者的语言。"**

预测表明到 2019 年初，Python 将成为最受欢迎的编程语言，也是拥有最多活跃开发者的语言。现在，它仅屈居于 Java 和 JavaScript 之下，但它已经超越了任何其他语言。Perl 已经消失，Ruby 已经消失，C♯的用户数正在急剧下降。只有 Java 和 JavaScript 保留下来了，但它们的发展非常平缓，而 Python 正势如破竹般成长。

> **Alex Martelli**："只有 Java 和 JavaScript 保留下来了，但它们的发展非常平缓，而 Python 正势如破竹般成长。"

Python 有较大的用户基础，并以 27％的年增长率增长。今年早些时候我在 *Spectrum* 杂志上发现了一篇有趣的文章，它宣称 Python 是今年最受欢迎的编程语言。

这个结果基于非常不同的指标的一种主观组合，例如工作机会、课程和研讨会。而 Stack Overflow 的研究完全是量化的，完全客观的，并且只是基于非常大量的数据。它们都得出了完全相同的结论，当然，Stack Overflow 可以更好、更准确地量化事物。

Driscoll：你能描述一下你作为书籍作者学到的东西吗？

Martelli：嗯，首先，不管你认为自己对某种语言的了解程度如何，在你用这种语言写几本书之前，你的想法可能错了。

理想情况下，你是与一位耐心并坚定的编辑合作，该编辑应该了解这门语言，熟悉它在打印页面上看起来如何，以及读者如何吸收它。

当然，英语是我的第三语言，所以我从没想过我会有一个特别强烈的要掌握它的需求。但是编写这些书提高了我对问题确切位置的理解，至少在英语书写方面。

> **Alex Martelli**："由于自然语言的固有二义性、能力和难度，我们将继续使用编程语言。"

自然语言是非常强大，丰富和难的工具。由于自然语言的固有二义性、能力和难度，我们将继续使用编程语言。用自然语言来绝对精确地表达事物是不可能的。

Driscoll：你能举个例子吗？

Martelli：我曾在邮件列表中读过一则关于自动化和计算风险的轶事。它是关于一个正式定义系统的，该系统用于在大城市布置救护车。所以显然这是一个生死攸关的任务。

最初用自然语言写下的东西之一，也是其中一个约束条件，是当急救电话接到一个呼叫并且症状被确定为中风时，救护车将在 15 分钟以内到达那里（最长时间仍然给你一个机会）。

当系统从自然语言被翻译成经过验证的正确程序设计时，许多事情都得到了改善，除了有一小部分令人担忧的情况，就是已经安排了救护车但它从未出现。结果是自然语言并没有映射到形式逻辑。

> **Alex Martelli:**"自然语言并没有映射到形式逻辑。"

请记住，这是一个交通拥挤的市区。虽然救护车可能已经拉响了警报器，但它可能仍然被阻挡好几分钟。如果这种情况发生了，如果 15 分 0.01 秒过去了，系统推断出救护车肯定已经到达，因为其中一个假设是救护车总是在不到 15 分钟到达。因此如果救护车已经到达，那么再派一辆救护车去那里也是没用的。这意味着需要重新规划路线。

在自然语言中，当我们说救护车必须在 15 分钟以内出现时，这不是一个假设，而是强制的。我们真正的意思是这是绝对重要的，无论如何，请快速将救护车送到那里。这并不意味着如果你没有成功就算了，因为 15 分 1 秒是没用的。这是不希望发生的，但总比没有好！

> **Alex Martelli:**"当你使用编程语言时,你的断言要简单得多:你说会具体发生的事情。"

这是自然语言如何随时绊倒你的一个很小的例子。当你使用编程语言时，你的断言要简单得多：你说会具体发生的事情。如果不是这样，则会引发异常。在自然语言中，有很多背景条件，你会不可避免地认为这是理所当然的。这包括所有常识以及在这种文化中作为一个人意味着什么。

Driscoll：你能描述一下你与读者最有趣的互动吗？

Martelli：是有一些！我可能认为最有趣的是工作中的同事，一位同事会来找我并说"我正在观察这种……奇怪的行为"，说的是他们刚才写的一些程序或功能。

我会找出问题所在并帮助他们解决问题。这不是因为我更了解Python，而是因为我拥有我称之为调试器眼睛（debugger eyes）的东西。如果你给我一页有一个拼写错误的文字，由于某些原因，我在看到其他任何内容之前就会看到拼写错误。这在编程中非常有用，和在电路设计中一样。

人们常说："所以，我总是想问你，你就是写那本书的 Alex Martelli 吗？"说起来很有意思："是的，那是我，我在丰富的业余时间里写的！"

> **Alex Martelli：" 你也需要荣誉，而不仅仅是核心结果。"**

这令我一整天都很高兴。但是如今这样的情况不再经常发生了，因为我已经在现在的公司工作了12年半，人们开始认识我。我的意思是，这不是客观有效的，但是，嘿！你也需要荣誉，而不仅仅是核心结果。

Driscoll：那么你认为 Python 2.7 已经死了吗？

Martelli：第三版 *Python in a Nutshell* 遇到了问题。我们认为 Python 2.7 还远未消亡。

可能目前在生产中部署的绝大多数 Python 版本都是 Python 2.7 或其他 Python 2 版本，但是这些版本可以很轻松地迁移到 Python 2.7。

所以很明显 Python 2.7 不会怎么样。它实际上可能会在 2020 年消失，因为到那时 Python 软件基金会（PSF）将正式停止支持它（尽管我打赌一些企业会基于商业原因而提供持续的支持）。因此，在我们规划和写书时还要涵盖 Python 3、3.5 和 3.6 这些最新版本和即将发布的版本。

> **Alex Martelli："Python 2.7 远未消亡。"**

现在放弃2.7还太早了。如果我们有一本涵盖两者的书，而你只关心其中之一，那就会使这本书显得冗余。这个问题将在下一版中消失。当然，我们将会用 Python 3 而不是2.7版本。

很多东西都会留在 Python 2.7中，可能是因为代码库太多。例如，YouTube 本质上是一个 Python 系统。有数以百万计的超优化2.7版代码，老实说，从商业角度来看，很难将其全部迁移出去。我们不能说让我们重写 X 万行代码，因为 YouTube 已经经历了超过 10 年的优化。

如果重写意味着将 YouTube 的速度降低 10%，那么你是否可以量化其成本？不仅仅是对 Google 而言，而是对每个人来说，YouTube 流量占用了互联网带宽的很大一部分。10%的性能影响会严重影响每个人的生活。我们不能承受这个代价！所以事情会向其他方向发展。

Driscoll：那么 Python 作为一种语言目前存在哪些问题呢？

Martelli：如果我有一个魔杖可以回到第一版 Python 发布之前，并且只能进行一次更改，那么我会让它不区分大小写。

> **Alex Martelli："许多优秀的语言都不区分大小写。对我来说，这将是最大的改进。"**

我知道，自从 C 编程语言出现并占据了主导地位之后，人们认为不区分大小写很奇怪。但是从 Fortran 到 Pascal 再到 Ada，许多优秀的语言都不区分大小写。对我来说，这将是最大的改进。

你可能在西方文化中没有注意到这一点，但小写和大写的概念完全是人为的。它们是我们的文化中非常重要的一部分并且影响我们如何写作。

我喜欢 Macintosh 文件系统，因为当你创建一个文件——大写的 F-O-O（FOO）时，它保留了大小写的情况。但如果你寻找小写的 foo，它仍然返回给你这份文件。这更可能是你作为一个人想要的结果。

> **Alex Martelli**：**"语音输入突然成为一种主要的输入方式。"**

想想语音识别系统。语音输入突然变成了一种主要的输入方式，因为手机使得与它们交谈变得容易，而不是使用手机的小键盘。在这种情况下仍然坚持区分大小写会是一个灾难，这是多么不人性化！指定大写或小写不符合自然的发音方式。

我发现自己只是少数希望 Python 不区分大小写的人。确实，几乎所有与 Python 竞争的语言都是区分大小写的，所以我想这是当今几乎所有流行语言所共有的缺陷。

Python 与其他语言的不同之处在于 Python 的关键字，如果以相同的方式处理它，它将是一种更好的语言。最受欢迎的关键字之一是 def，用于定义函数。问题是它不是关键字，也不是一个单词。它没有任何含义！你知道哪种语言处理得好吗？JavaScript。

Driscoll：JavaScript 有何不同？

Martelli：等效的关键字是 function。我无法想象为什么 Python 没有在开始时使用 function。这是显而易见的！function 需要多打 4 个字符，太麻烦了！但是任何编辑器都会为你自动完成输入的，对吧?

从技术上讲，我知道 def foo 和 function foo 绝对没有区别。但我关注非常微小的可用性和可理解性小毛病。

> **Alex Martelli:"Python 可能是迄今为止最有用、最易理解的编程语言。"**

Python 可能是迄今为止最有用、最易理解的编程语言。所以这些缺陷都不太重要。

Python 只有一种范围，它总是被排除范围的最大值，所以它更加一致，更加清晰。在使用完全任意单词（例如 def）的地方，语言可以很容易地设计为使用像 function 这样的可读单词。

如果人们觉得 function 这个词太长，我觉得可以采用"fun"。只是开个玩笑。毕竟，该语言以 Monty Python 命名，因此你可以将"fun"作为 function 的缩写，或者因为使用 Python 很有趣所以选择"fun"。这样也比 def 更好。

Driscoll：你认为 Python 最大的优势是什么?

Martelli：实际上我在处理小毛病时回答了这个问题。优势在于 Python 的清晰度和一致性以及语言的理想目标，那就是用一种自然而明显的方法完成事情。

我们当然不能完全达到目的，因为例如，加法是可交换的，所以 $a+b$ 和 $b+a$ 是两种表达求和的方式，Python 不能改变它。但这让别人的代码更易读。

如果他们都是优秀的 Pythonista（Python 开发者），甚至是初学者，他们在大多数情况下会选择一种明显的方式，因为它确实很明显。如果他们没有，你向他们展示它本来会是什么，说服他们就容易得多。因此，这种采用明显方式的表达是使 Python 语言如此清晰、有用和可用的部分原因。

> **Alex Martelli:"这种采用明显方式的表达是使 Python 语言如此清晰、有用和可用的部分原因。"**

事实上现在 Python 已经扩展到几乎所有你能想到的应用程序领域，我相信这正是因为这种清晰度和概念简单性。它真的很容易上手。

并不是每个人的思维都会像我一样完美匹配 Python。我并不是说每个有经验的程序员都可以在一个周末内自学 Python，但这是一种可以这样实现的语言。尽管我喜欢其他语言比如 Rust 中的很多东西，但我无法想象有人会在周末用 Rust 做同样的事情。

Driscoll：那么你认为 Python 将来会往哪里发展？

Martelli：无处不在！你知道，过去几年最伟大的科学成果之一是引力波的发现。

我们在 PyCon Italia 会议上有几个主题演讲。Python 代码作为控制所有负责收集数据的仪器的通用语言，最终显示了两个黑洞相互撞击并发出这些波。

> **Alex Martelli:"Python 在那里负责数据处理。"**

顺便提一下，如果我没记错的话，几秒钟之后，这一事件发出的波产生的能量比宇宙其他部分一起发送的能量要多。这是一个非常现象，Python 在那里负责数据处理。也就是说，监督这些测量数据的所有清洗、分析和相关性分析，将它们解释为一个令人难以置信的、强大的、遥远的短期事件。这场冲击发生在数十亿年前，现在只是波涛汹涌而来。这是一个例子。

当然，科学因此而引人入胜。我越来越多地与大型互联网公司的人员聊天，他们仍然更愿意在其核心应用程序中使用其他编程语言。他们这样做是因为这就是创始人所知道的，他们只能因为购买了其他公司而接纳 Python。

很多收购都在高科技领域进行。通常情况下，那些其他公司正在使用 Python，因为这是使它们成功的部分原因。它们的效率是使用其他语言的公司的两倍或三倍。

Driscoll：你认为会有更多公司开始使用 Python 吗？

Martelli：是的，任何大公司都需要在其生产系统中采用 Python。TensorFlow 的推出向我证明了 Python 肯定会出现在机器学习和人工智能的最前沿。

即使内部采用超级优化的C++和汇编语言，但在应用程序级别，业务逻辑将采用 Python，因为花费精力重新制作它是没有意义的。所以 TensorFlow 的核心是 Python。

> **Alex Martelli**："**TensorFlow 的 推 出 向 我 证 明 了 Python 肯定会出现在机器学习和人工智能的最前沿。**"

我无法想象出 Python 永远不会出现的领域。但让我们讨论一下例外情况：嵌入式系统。Python 传统的实现并不具备释放用户内存的功能。在嵌入式系统中，你需要具备该功能。然而，如果不是 Python 本身，一些 Python 方言（dialect）可以解决这个问题。

具体来说，解决物联网世界的嵌入式语言设备编程的 Python 方言被称为 MicroPython。据我所知，BBC 正在或已经向学童分发 100 万台运行 MicroPython 的设备。

Driscoll：这是 Python 吗？

Martelli：它不是完整的 Python，因为它必须对内存使用施加一些限制。

你不能在两美元的设备中动态分配内存。它必须有 64 K 或固定数量的内存。但是，即使有这种动态分配的限制，你仍然可以做很多编程。

过去有一些实现特性是从某些应用程序中阻止 Python，但它们正在受到攻击。我知道 Larry Hastings 正在努力取消全局解释器锁（Global Interpreter Lock, GIL）。不管人们怎么认为，GIL 与 90% 的应用程序无关，但它是 10% 应用程序的杀手，它迫切需要使用芯片制造商所塞入的越来越多的内核。

如果你有一个优化的算法来使用所有的 32 位或 64 位内核，那么删除 GIL 将为这个小小的创新带来巨大的变化。渐渐地，限制将会消失。

> **Alex Martelli：“在操作系统的核心，我不认为我们会看到比现在更多的 Python。”**

在操作系统的核心，我不认为我们会看到比现在更多的 Python。Python 可以在那里进行动态分配，但这只是内核的一小部分。也许一些非时间关键的设备驱动程序可以做到这一点。但大多数情况下，我认为 Python 应该在用户空间运行，而不是在内核空间运行。

Driscoll：那是为什么？

Martelli：内核需要较低级别的语言，顺便说一句，它们迫切地开始需要比 C 更好的语言，这就是为什么我要研究 Rust。

我真的很想看到一个用 Rust 编写的实验性的简单操作系统内核。无论如何，Rust 肯定有潜力做到这一点。由于内存分配问题，Python 并不适用。此外，MicroPython 技巧并不是那么有效，因为你确实需要一些动态性。控制分页真的很难。但除了超级硬核、超级核心级别外,我没有看到任何限制。我甚至不能说天空是极限,因为引力波是在天空中,但我们征服了它。

> **Alex Martelli:"我甚至不能说天空是极限,因为引力波是在天空中,但我们征服了它。"**

我唯一能想到的是,我们仍然可以通过 Python 进行移动开发。我听到了很多关于 Kivy 的好的方面,但我对 Kivy 没有任何个人经验。

这真是一个遗憾,因为我记得 Guido 和 Andy Rubin 在 Google 时曾聊天,Guido 试图说服 Andy 除了 Java 之外,Android 还需要一种更容易使用的应用程序级编程语言。Andy 坚持认为添加更多语言会让程序员更难处理。这不是真的!不幸的是,Andy 是负责这个项目的人,所以 Guido 无法取得任何进展。但如果我能够以某种方式去说服 Andy 的话,那将是一个不同的世界。

Driscoll:那么在 Google 工作是什么感觉?

Martelli:13 年前我在那里面试时,我已经找到了我所希望的一切,甚至更多!

当然,对我来说,这是一个漫长而多变的职业生涯的高潮。所以我的期望并不是像某些大学新生所期望的那样成为闪耀的新星。这些期望都被观察到的在市场上运营的公司中实际发生的事情所冲淡。然而它很容易被超越,我甚至不确定它与公司有多大关系,因为人才是关键。好吧,一家公司由其员工组成。完全不可思议的人是让这个地方完全不可思议的原因。

最后,秘诀就是要拥有一群很棒的人!当 Google 有 70 名员工而不是 70 000 名员工时,这可能更容易。我的意思是,我并不是说找到 70 位伟大的人很容易,但找到 70 000 人肯定更难!我猜不一定需要是 100％，但应该接近 100％很棒的人。

> **Alex Martelli："最后,秘诀就是要拥有一群很棒的人!"**

说到很棒的人，并不一定意味着要才华横溢。我相信找到才华横溢的人比找到合适的人更容易，合适的人会在人的层面上关心最终用户、他们的同事和他们的合作伙伴。我的意思是聪明很重要，但聪明的混蛋可以造成的伤害比普通人的更多，对吗？所以你首先想要的人是那些关心你的人：那些全身心投入到团队、供应商和用户的成功上的人。

Driscoll：这是找到这些人的诀窍吗？

Martelli：我不这么认为！你可以阅读那些相关书籍，但我不这么认为！因为假装关怀和面试中的事情比实际上年复一年的相处容易得多。所以你可能会弄错。

> **Alex Martelli："你所做的任何事情都有可能被放大,并且可能产生完全不成比例的影响。"**

在技术层面上，公司的整体规模当然会有问题和挑战。但它也是你从工作中获得最大满足感的地方。你所做的任何事情都有可能被放大，并且可能产生完全不成比例的影响。

举个例子：我确实说过我在 Stack Overflow 上很活跃。部分原因是我如今所做的工作，即 Google Cloud Platform 的技术支持，这在很大程度上通过 Stack Overflow 实现。好吧，Stack Overflow 告诉我，我帮助了超过 5 000 万的人。现在，我不知道他们怎么推测的，但我当然希望这是真的！我本可以实现我的目标，即回馈我所得到的所有帮助给更多人。

我知道我的书没有到达这样的一个数量级。如果我很幸运，我的书可能有所帮助，包括每一本的多个读者，可能有 100 万人。只是没有达到 5 000 万。这就是在 Google 应该达到的目标。

Driscoll：这有什么缺点吗？

Martelli：当然，要小心！错误也会被放大！一点点哎呀（oops），你让一些系统宕机一小时。哎哟（Whoops）！现在你已经给至少 5 000 万人带来了不便。但我喜欢工作在这种大的场景中。

> **Alex Martelli："教一些东西，帮助那些遇到问题的人，可以成为学习这个问题的最好方法。"**

教一些东西，帮助那些遇到问题的人，可以成为学习这个问题的最好方法。从某种意义上说，你从外面看它，然后进入、参与并深入研究。退出时你可以更好地理解该主题并获得经验。

Driscoll：Google 如何使用 Python？

Martelli：好吧，这是一个很长的故事，是在 Google 存在之前就开始了。我强烈推荐的一本书是 Steven Levy 的 *In the Plex*。他获得了前所未有的接触到 Google 和 Google 员工的权力。

我从那本书中学到的一件事是，在 Google 有名字之前，Larry Page 在他的斯坦福大学宿舍里试图写一个爬虫程序，将一份网页复制到本地机器上进行处理和试验。他想使用这种新语言，Java 1.0 beta，但整个事情一直在崩溃。所以 Larry 转向他的室友，问道："嘿，你能帮助我吗？我无法让这个程序运行！"

室友看了看，然后说："当然不行！这是垃圾 Java 的事情！来吧！让我们使用真正的编程语言吧！"

Larry 后来学习了 Python 并编写了 100 行 Python 代码，第一个爬虫程序诞生了，网页的副本正在这间宿舍里寻找通往计算机的路。所以从某种意义上说，没有 Python 帮助编写第一个爬虫程序，Google 可能永远不会诞生！

> **Alex Martelli:"没有 Python 帮助编写第一个爬虫程序,Google 可能永远不会诞生!"**

爬虫是一个非常重要的程序，必须重写 100 万次，我现在很确定它是你能想象到的最优化的C++代码。多年来我没有看过它，但它仍然有效。Python 和 Google 的下一个重要角色是作为所有深层基础设施任务的统一语言。

Driscoll：那时你的角色是什么？

Martelli：这就是我作为基础设施的尖端技术领导者发挥作用的地方。一切都必须重铸到 Python 中，而不是 Bash、Perl 和其他功能强大但难以阅读的语言。

这是我的第一份工作，基本上我和我的团队是和可靠性工程师、系统管理员等人一起工作，他们在 Bash 或 Perl 中编写了非常有用的工具。我们完全理解发生了什么，重写了它们，并用 Python 生成它们。它们的可读性要高出 100 倍。

Google 尝试的下一个重大任务是解决流媒体视频市场。不知你是否曾经听说过一个名为 Google Video 的项目，Google 将会收藏所有视频，向你展示，并让你搜索它们。当时，它背后有非常巨大的投资：数百名杰出的工程师和硬件资源就像没有明天一样地工作。

Google Video 一直在与几英里以外的一家小型初创公司的功能争夺战中失利。每当这家小小的初创公司推出一个客户非常喜欢的新功能时，我们的工程师就会争先恐后地提出类似的东西并花一两个月的时间。而每当我们推出一些新的和创新的东西时，那家小小的初创公司就会在一周内完成！

Driscoll：你有没有找到初创公司的动作如此之快的原因？

Martelli：最后，我们买了那家小小的初创公司，然后我们发现了20位开发者如何应对我们的数百名优秀开发者。解决方案非常简单！那20个人正在使用 Python。我们使用的是 C++。那家公司就是 YouTube，现在仍然存在。

> **Alex Martelli**："我们发现了 20 位开发者如何应对我们的数百名优秀开发者。解决方案非常简单！那 20 个人正在使用 Python。"

当然，YouTube 需要花费很多年才能完全开发尤其是固化下来，因为它使用的资源量巨大！它逐渐流行起来，这对 Python 来说是一个伟大的成功故事。

面向用户的代码的其他领域也各不相同。有时 Python 是在前端，例如 Google App Engine（这是我们首次涉足云计算，至今它仍是一款非常具有创新性的产品）将 Python 作为第一种支持语言。多年来，Python 是你可以在那里使用的唯一语言。然后添加 Java，再然后是其他语言。但 Python 仍然是 App Engine 上客户使用得最多的语言。

Google Cloud Platform 还有其他一些内容，出于技术原因，我们必须限制客户可用于编程的语言。通常 Python 总是排名第一或第二。TensorFlow 可能是另一个很好的例子。我之前提到过它，但重点是 TensorFlow 是 GitHub 上最受欢迎的下载库已有很长一段时间了。

App Engine 上存在许多内部工具。可以部署在面向内部版本的 App Engine 上的那些可以优先使用 Python，并且设置足够通用，你几乎可以用这种方式完成所有事情。所以在实践中，从我加入 Google 12 年半的那天开始，我不得不做一点 C++，尤其是当我修复现有系统时。但这基本上就是我的 Python 经历。

Driscoll：还有什么你想讨论的吗？

Martelli：我想讨论 Python 在教育中的作用。有一次，也许是十多年前，有一个资助的项目，Guido 致力于让 Python 扮演教育的核心角色。但这从未真正完成。一些重要的事情发生了，但接管教育并没有发生。

如今，Python 是大学入门课程中使用的头号编程语言。很久以前它就超越了 Java 和其他语言。但在高中，情况并非如此。似乎随着计算机的发展，只有基本的理解水平才适合大多数高中生。他们使用的是各种混合语言。

那么我们可以做些什么来让 Python 对这个角色更有吸引力呢？我在想的是，让它在线并能够通过浏览器运行会很好。有一些站点提供此类功能，但不是以可扩展和统一的方式。

我认为 Python 软件基金会可以付出努力。为什么？好吧，因为 Chromebook 是当今教育领域中使用得最多的机器。到目前为止，有更多的 Chromebook 销售给学校，而不是所有其他类型的设备。为什么？它们很便宜，它们足够强大，它们很安全，而且从管理员的角度来看它们很容易控制。

> **Alex Martelli：**"我认为 Python 不需要改变，但基础设施工作可以为学校提供高度可用的站点。"

无论你在 Chromebook 上做什么，意思是基本上是在网络上的良好浏览器上，都比在任何操作系统上安装的内容更容易进入课程。

我认为 Python 不需要改变，但基础设施工作可以为学校提供具有学校所需功能的高度可用的站点，例如管理员控制。这将对数百万学童的生活产生真正的影响。所以，这就是我对任何想知道他们可以用 Python 开始什么样的酷项目的人的建议。

Driscoll：谢谢你，Alex Martelli。

8

Marc-André Lemburg
(马克-安德烈·伦伯格)

Marc-André Lemburg 是一位德国软件开发者和企业家。他是 eGenix 的首席执行官和创始人，该公司提供 Python 培训和咨询服务。Marc-André 是 Python 的核心开发者，也是一组流行的 Python 扩展的创建者。他是 Python 软件基金会的创始成员，并曾担任过两次主任。Marc-André 还是杜塞尔多夫（Düsseldorf）Python 大会的联合创始人，也是 EuroPython Society（EPS）的主席。他经常在世界各地的 Python 大会上发表演讲。

讨论主题：mx 包，PSF，v2. 7/v3. x。

Marc-André Lemburg 的推特联系方式：@malemburg

Mike Driscoll：你为什么成为一名程序员？

Marc-André Lemburg：我的父亲在 IBM 工作，所以我很早就接触到了编程计算机。

我喜欢技术和解决问题，但在当时（20 世纪 70 年代末期），对于我这个年龄的孩子来说，电脑仍然遥不可及。我玩了一些"程序"，这些程序是写在一张纸上的，并通过想象一台真正的计算机将如何执行它们来"运行"。

在我父亲购买了 Sinclair ZX81 之后，我在 11 岁学会了编程。我先学习了 BASIC，然后学习了 Z80 汇编程序，因为 ZX81 是一台相当慢的机器。汇编程序特别有趣。基于 Z80 手册，我不得不逐字地编写程序。然后我将操作码转换为十六进制并手动将它们输入到 ZX81 的十六进制编辑器中以运行例程。

> **Marc-André Lemburg："我学会了欣赏性能，并注重细节。"**

这份努力是值得的，因为例程的运行速度比 ZX81 BASIC 快得多。我学会了欣赏性能，并注意细节。汇编代码中的一个错误通常意味着必须在运行程序并重新加载所有内容后重新启动 ZX81。鉴于盒式驱动器接口，这需要相当长的一段时间。

大约两年后，我父亲买了第一台 IBM PC1，我开始学习 MS BASIC、Turbo Pascal 和 Turbo C。在学校，我继续使用计算机做很多工作，在大学期间我创办了我的第一家公司。

Driscoll：那你是怎么发现 Python 的？

Lemburg：我在 1994 年通过一张名为 Hobbes 的 OS/2 免费软件 CD 首次发现了 Python。Python 被列为编程语言之一，当时是 1.1 版。

我在一个下午阅读了 Guido van Rossum 的教程并立即确信我找到了我一直在寻找的东西。Python 是一种语言，它具有所有重要的数据结构，以易于使用的方式实现，语法清晰，并且无需显式内存管理或括号来定义块。

当时我主要编写 C 代码，因此我不得不经常理系统语言的所有难题。问题包括内存分配、指针运算、溢出、段错误、调试器中的长会话以及很慢的编辑-编译-运行-调试周期。

> **Marc-André Lemburg：“Python 拥有的所有特性都让我很开心。”**

Python 拥有的所有特性都让我很开心：交互式实验的解释器，良好的文档，相当完整的标准库和非常好的 C API，以及将 Python 与现有 C 代码连接所需的一切。这包括我发现的特别有趣的细节：解释器使用它为语言提供的数据结构来实现了它自己的内部结构。

Driscoll：你能说一下你是如何成为一名企业家并创立了自己的公司吗？

Lemburg：我从 17 岁开始从事 IT 工作。1993 年，我在大学期间成立了自己的第一家名为 IKDS 的公司，并成为想要进入当时新的在线业务市场的本地公司的自由职业者。

在 1997 年完成大学学业后，我利用通过建立几个网站引擎得到的经验，开始研究新的 Web 应用服务器。我的目标是建立一个系统，使开发在线网络系统变得简单而有效。该系统将利用面向对象技术、关系数据库以及 Python 的简单性和优雅性。

经过 3 年的努力，我完成了第一个版本，其中包含了商业性企业产品所需的一切。然后我在 2000 年初创办了一家有限公司来销售该产品。这个应用服务器的开发使我进入了开源世界。

Marc-André Lemburg:"这个应用服务器的开发使我进入了开源世界。"

由于我没有足够的资源来彻底测试我正在编写的软件,因此我决定将应用服务器的基本模块开源。这就是流行的 mx 扩展程序的来源。在商业上,应用服务器并不成功。我发现市场根本就不了解这种产品的好处。

然后,我更专注于为其他公司提供咨询和运营项目。其中一个很有趣的项目是完全用 Python 编写的金融交易系统。类似的项目让我相当忙碌,所以我很遗憾没有太多时间为 CPython 开发作贡献了。

Driscoll: 你能解释一下贵公司分发和维护的 mx 扩展吗?

Lemburg: 我在 1997 年开发 Web 应用服务器时开始研究 mx 扩展。当时,我发现 Python 缺乏一个好的通用数据库模块。

有一个旧的基于 Windows 的 ODBC 接口,但它并不能真正胜任在 Windows 和 Unix 平台上为数据库提供可行且高性能的接口这项任务。我开始编写 mxODBC 来解决这个问题。我想为 ODBC 驱动程序创建一个快速便携的接口,这样我就可以将应用服务器连接到所有流行的数据库。

在开发 mxODBC 时,缺乏良好的日期/时间处理模块成为一个日益突出的问题。mxDateTime 的诞生修复了这个问题并成为 Python 世界中的标准很多年,直到 Python stdlib 在 Python 2.3 中发展了自己的日期时间模块。

Marc-André Lemburg: "mxDateTime 的诞生……并成为 Python 世界中的标准很多年。"

mxTextTools 和其他几个 mx 包是需要在应用服务器中快速解析模

板而产生的结果。这些工具后来被其他人用来编写解析引擎，例如 Biopython（解析基因组数据），或驱动解析器实现用户定义的语法。

mxTextTools 中的标记引擎（Tagging Engine）有点像图灵状态机，因为它提供了非常快速的解析原语，可以使用 Python 元组进行汇编。几个实用工具函数有助于使用解析结果来实现搜索和替换。mxTextTools 最初是为 8 位文本和二进制数据编写的。几年后，一位客户雇用我将其扩展为 Unicode 版。

鲜为人知的 mxStack 和 mxQueue 在应用服务器中扮演了快速数据结构的角色。mxTools 包也是我为应用服务器编写的快速内置函数的集合。mxTools 中的一些想法最终以某种形式添加到核心 Python 中。

Driscoll：那么你是如何成为 Python 核心开发者的？

Lemburg：在开始编写 mx 扩展时，我与 Python C API 及其内部有很多联系。我为 CPython 贡献了补丁，并在 1997 年成为核心开发者。

可能更多的人以 Unicode 集成的形式了解我对 CPython 的贡献。1999 年，Guido 联系了 Fredrik Lundh 和我，让我们将 Unicode 引入 Python。这是由惠普公司向 Python Consortium（Python 软件基金会的前身）提供的资助启动的。

> **Marc-André Lemburg:"Guido 联系了 Fredrik Lundh 和我,让我们将 Unicode 引入 Python。"**

Fredrik 参与了一个新的正则表达式引擎的开发工作。我为 Python 添加了原生 Unicode 支持。我还用 Python 设计并编写了编解码器子系统。最初的版本发布于 2000 年，使用的 Python 版本是 1.6/2.0。我帮助维护了 CPython 2.0 的这一部分超过 10 年。

Driscoll：你为 Python 作出了哪些其他贡献？

Lemburg：我贡献了源代码编码系统、platform 模块和 locale 模块的部分。我还负责用于测量 CPython 的增强功能的 pybench 套件，以及让 Python 运行得更快或使其更舒适的一些补丁和想法。

Driscoll：作为 Python 的核心开发者，你遇到了哪些挑战？

Lemburg：在早期，作为核心开发者非常有趣，因为这些流程比现在更不正式。唯一的真正挑战是针对 Unicode 的讨论经常导致无休止的争论，有时还会引发激烈论战。

> **Marc-André Lemburg:"针对 Unicode 的讨论经常导致无休止的争论,有时还会引发激烈论战。"**

我不知道这是因为 Unicode 是处理文本的核心，还是因为参与讨论的是许多强烈自负的人。我持保留态度并以好心情面对大部分这些讨论。

从那时起，我们已经看到几代核心开发者来了又走了。整合新开发者通常并不容易，需要进行大量讨论。我们必须解释 Python 开发是如何进行的，并将所有新人力带到正确的方向。

Driscoll：Python 是人工智能和机器学习中使用的主要语言之一。你认为这是为什么？

Lemburg：对于那些不常接受计算机科学培训的科学家来说，Python 很容易理解。当你尝试驱动开展研究所需的外部库时，它会消除你必须处理的许多复杂问题。

在 Numeric（现在为 NumPy）开始开发之后，IPython Notebook（现在是 Jupyter Notebook）、matplotlib 以及许多其他工具的加入使事情变得更加直观，Python 允许科学家们主要考虑问题的解决方案而不是推动这些解决方案所需的技术。

Marc-André Lemburg："Python 允许科学家们主要考虑问题的解决方案而不是推动这些解决方案所需的技术。"

与其他领域一样，Python 是一种理想的集成语言，可以轻松地将技术结合在一起。Python 允许用户专注于真正的问题，而不是花时间在实现细节上。除了为用户提供便利之外，Python 还为开发与外部库的低级（low-level）集成的人员提供了理想的黏合平台。这主要是因为 Python 可以通过一个漂亮且非常完整的 C API 被访问。

Driscoll：如何针对人工智能和机器学习改进 Python？

Lemburg：我认为 Python 已经是人工智能和机器学习的最佳选择之一。有一个充满活力的社区致力于使这门语言变得更好，Python 将在这一领域拥有漫长而美好的未来。

Driscoll：你能说一下 Python 软件基金会是如何成立的吗？

Lemburg：在 PSF 之前我们有 Python 软件活动组（Python Software Activity group，PSA），我们每年必须支付少量费用。我们还有一个鲜为人知的 Python Consortium，供公司支持 Python 开发，每年都会支付一大笔钱。

两个小组都没有真正为 Python 提供足够的支持。Python 的版权也分散在几家不同的公司（参见 Python 许可协议栈）。两家在 Python 上投入巨资的公司 Zope Corporation 和 ActivePython 启动了一个项目，期望通过一个新的非营利组织解决所有这些问题。

这就是 PSF，它成立于 IPC9——第 9 届国际商业 Python 大会（commercial International Python Conference 9）。当时我们有 16 个 Python 核心开发者和两家公司作为创始成员。包括 Guido 在内的核心开发者通过签署贡献者协议来许可他们对 PSF 的贡献，所有后续版本都以 PSF 的名义完成。

最初，PSF 只是作为维护 Python 发行版权的法人。之后，PSF 还获得了 CNRI 的 Python 字标的商标权。

2003 年，PSF 在华盛顿举办了第一届 PyCon US 大会。这一新的举措为 PSF 引入了收入来源，为帮助 Python 社区开辟了新的可能性。

> **Marc-André Lemburg:"这一新的举措为 PSF 引入了收入来源,为帮助 Python 社区开辟了新的可能性。"**

随着 PyCon US 的发展和商业赞助商开始支持它，PSF 的收入也增长了。这使得 PSF 多年来变成了一个更成熟的组织。我在 PSF 董事会工作了几年，以帮助完成这些发展。

Driscoll：我知道你帮助组织了第一届 EuroPython 大会。你能介绍一下这件事吗？

Lemburg：2001 年，一组 European Python 和 Zope 的用户和公司开始讨论在欧洲召开 Python 会议的愿望。

Python 研讨会和 IPC 会议都在美国。当时欧洲的 Python 并没有太大发展。我是讨论的参与者之一，他们似乎并不想结束。我后来加入了执行委员会，帮助让 EuroPython 大会成为现实。最终就有了 EuroPython 2002 大会。

> **Marc-André Lemburg:"当时欧洲的 Python 并没有太大的发展。"**

整个活动由志愿者举办，这与当时美国的商业 Python 会议不同。我们的预算很少。并且，EuroPython 也早于由美国志愿者组织的第一届 PyCon US 大会。

EuroPython 2002 大会在沙勒罗瓦（Charleroi）举行。能够举办第一次重要的欧洲 Python 会议真是太有趣了。EuroPython 大会非常成功，Guido 也参加了。如今，每年都会举办很多国际 Python 活动，所以虽然 EuroPython 大会不想与其他国际 Python 活动竞争，但它确实在这个领域运作。

Driscoll：这些年来 EuroPython 有什么变化？

Lemburg：从早期开始，EuroPython 已经成长了很多，并且在 2014 年已有超过 1 000 人参会。会议仍然由志愿者举办，但它不再是一个可以兼职搞的活动。

组织 EuroPython 的 EuroPython Society 每年都要做很多工作来组织会议。我现在是该组织的主席，并在董事会任职多年。每年，我们都会将活动办得更专业。尽管如此，掌控组织会议所需的一切仍然是一个挑战。董事会成员为了每次活动通常需要工作 200 到 400 小时。

Driscoll：你现在对 Python 最感兴趣的是什么？

Lemburg：我对原生的异步 I/O 支持感到非常兴奋。通过添加新的关键字，它最终可以在 Python 中使用，并将在帮助使用如今的机器上可用的全部 CPU 功能方面发挥很大作用。

> **Marc-André Lemburg:"我对原生的异步 I/O 支持感到非常兴奋。"**

另外，我发现 Python 类型注释是现在的 Python 中最不令人兴奋的开发。它们带走了许多 Python 程序的优雅性。即使类型注释是可选的，许多公司也会通过公司政策强制使用。这最终将导致越来越多的 Python 是使用这些注释来编写的，并使 Python 看起来像任何其他现代静态类型的脚本语言。

Driscoll：你如何看待 Python 2.7？每个人都应该迁移到最新版本吗？

Lemburg：是的，应该，但你必须考虑从 Python 2.7 到 3.x 的工作量。许多公司都拥有为 Python 2.x 编写的庞大代码库，包括我自己的公司 eGenix。从商业角度来看，移植到 Python 3.x 并不总是有意义的，因此两个世界之间的鸿沟在 2020 年之后仍将继续存在。

> **Marc-André Lemburg：**"从商业角度来看，移植到 Python 3.x 并不总是有意义的，因此两个世界之间的鸿沟在 2020 年之后仍将继续存在。"

Python 2.7 确实有它的优点，因为它成了 Python 的 LTS 版本。企业用户通常喜欢这些长期支持版本，因为它们减少了从一个版本到另一个版本的移植工作。

我相信 Python 也必须提出 LTS 3.x 版本才能在业界获得持续成功。一旦我们确定了这样的版本，也将为 Python 2.7 端口提供更可行的案例，因为投资将在很多年内得到保障。

Driscoll：你希望在未来的 Python 版本中看到哪些变化？

Lemburg：Python 需要更容易地使用当今机器中的全部 CPU 内核。异步 I/O 有助于更好地利用单核，但它不是多核部署的解决方案。

删除全局解释器锁（GIL）并用更细粒度的锁定机制替换它将是一种方法，但它将经历漫长而艰难的道路。我们应该注意不要低估许多 C 扩展的复杂性和可能的破坏性。忽视这些将使 Python 后退很多，因为它们是 Python 成功的重要驱动因素。因此，我们必须为现有扩展提供平滑的升级路径，可能是通过在它们处于控制时保持 GIL 的位置。

在我看来，我们还应该调查其他方法，例如使进程间通信更有效和用户友好，甚至可以通过添加新的关键字来自动并行运行代码。

Driscoll：谢谢你，Marc-André Lemburg。

9

Barry Warsaw
（巴里·华沙）

 Barry Warsaw 是一位美国软件工程师，也是 LinkedIn 的 Python 基金会团队成员。Barry 在 Canonical 工作了 10 年，是 Ubuntu 和 Debian 开发者，负责这些操作系统上的 Python 生态系统。他是 GNU Mailman 项目的负责人，GNU Mailman 是一个用 Python 编写的流行的开源邮件列表管理器。Barry 曾经是 Jython 的主要维护者、Python 发布经理和 PythonLabs 的成员。如今他是一名核心开发者，是几个成功的 Python 增强提案的作者，也是众多 Python 库的维护者。

讨论主题：PythonLabs，Python 的未来，v2. 7/v3. x。
Barry Warsaw 的推特联系方式：@pumpichank

Mike Driscoll：你是如何成为一名程序员的？

Barry Warsaw：我在很小的时候就开始编程。那时的计算机实际上是电传打字机（Teletype），它们连接到学校和主要学区的大型机。所以我使用了电传打字机。

我学习了 BASIC，它真的很有趣。我记得那年夏天，另一所学校的一些孩子使用相同的电传打字机侵入了教育委员会的大型机。因此第二年他们将电传打字机全部撤出学校，并为我们提供了基于 6502 的个人计算机。老师根本不知道如何使用它们，所以我教老师如何使用。

指导顾问注意到我在做的事情。他们为我联系了国家标准局（National Bureau of Standards，NBS）的夏季实习，那是马里兰州盖瑟斯堡的联邦研究机构。在国家标准局我学会了与其他人分享和合作。

Driscoll：那你在整个高中时期都在国家标准局工作吗？

Warsaw：是的，我在整个高中时期都在国家标准局工作。之后我在现在的国家标准与技术研究所（National Institute of Standards and Technology，NIST）全职工作，我在那里工作到 1990 年。

我在 NIST 的实习和全职工作让我大开眼界，因为我实际上并不知道这个行业是什么样的，以及专业程序员是什么样的。

> **Barry Warsaw：“我实际上并不知道这个行业是什么样的，以及专业程序员是什么样的。”**

当时我和机器人团队合作，虽然我没有做太多机器人，但我是在为实现工厂自动化的工业机器人工作。那项工作真是太棒了。从那里我了解了系统管理。几年之后关于 Sun-3 我们了解了很多，于是我们学习了 SunOS、Unix、C 编程、Emacs 以及类似的东西。

我有计算机科学的本科学位，但我是通过在 NIST 做实际的编程才真正了解这个行业的。我认为大学课程并没有为你最终做的事情作好准备。

> **Barry Warsaw:"我是通过在 NIST 做实际的编程才真正了解这个行业的。"**

例如我和一些现在的实习生谈话，他们说在大学里，至少作为本科生，甚至不会学习版本控制系统，比如使用 Git。而版本控制对我来说太实用了。我无法相信大学环境与真实的程序员工作如此的脱节。当你离开大学时，现实与你所学到的是完全不同的，这是一件让人震惊的事情。

Driscoll：你是否认为 Python 为新程序员提供了你所说的实际编程的途径？

Warsaw：是的，当我今天与使用 Python 的孩子交谈时，这些孩子经常以某种方式与 GitHub 上的项目联系起来。有时他们甚至会参加 Python 会议并留下来进行比赛。

孩子们通过这种方式更多地了解到现代软件工程最佳实践。你真的可以看到这些情况。他们进入这个领域，了解如何做合并请求以及如何提交 bug。我告诉所有与我交谈的孩子，找到一个感兴趣的 GitHub、GitLab 甚至 Bitbucket 项目并开始参与其中。

当然，Python 是一个非常棒的社区。它对不同的人群都非常欢迎。在 Python 社区我们都很友好，我们接受任何人，我们引导并指导他们。所以我也告诉那些真正想学习如何正确做的学生来到并参与 Python 社区，因为他们将通过这样做学到很多东西。

Driscoll：你自己是如何最终使用 Python 的？

Warsaw：1994 年，我遇到了 Roger Masse。他的女朋友（现在的妻子）和我的妻子非常要好，所以我们都聚在一起吃饭。Rog 和我是同一个极客级别。

Rog 刚刚开始在 CNRI 工作，CNRI 是弗吉尼亚国家研究计划公司（Corporation for National Research Initiatives）（CNRI 由 Bob Kahn 和 Vint Cerf 创建，他们是 TCP/IP 之父）。所以在 1994 年夏末，我开始为 CNRI 工作。

我当时正在做一个名为 knowbots 的项目。当时几乎没有软件代理可以自己打包并移动到不同的主机。knowbots 会在另一台主机上做一些工作，然后在互联网上来回移动以为你找到信息。Rog 和我开始在 NeXT 机器上利用 Objective-C 开展该项目。

不久后一些还在 NIST 的朋友告诉我一个荷兰人正准备为他发明的一种语言做一个小的研讨会。他们问我是否有兴趣，所以我们做了一些调研。当然，那是 Guido van Rossum，Python 语言之父，所以我们说："当然，我们很乐意来。"

> **Barry Warsaw：**"……一个荷兰人正准备为他发明的一种语言做一个小的研讨会。他们问我是否有兴趣，所以我们做了一些调研。当然，那是 Guido van Rossum，Python 语言之父。"

我们想和 Guido 谈谈他的一些想法，因为我们认为 Python 对于这个 Objective-C 项目来说真的很酷。我们认为我们可以在 Python 中编写 Objective-C 脚本。

研讨会于 1994 年 11 月举行。我们只有 20 个人，而我们爱上了 Python 和 Guido。他是如此开放和冷静，研讨会非常棒。我认为 Guido 和我都是 Emacs 的粉丝，所以我们讨论了 Python 中的文档字符串如何在语法上有所作为，或者至少在语法上类似于 Emacs Lisp 中的文档字符串。

研讨会结束后，我们回到了 CNRI，并且关于我们认为 Python 如何运作得非常好而滔滔不绝。我们的一位同事说："嘿，我们为什么不尝试雇用 Guido?"我们不确定他是否想来美国，是否有兴趣研究这个 Objective-C Python 的东西，或者是否对 knowbot 项目感兴趣。但他的回答是肯定的，所以在 1995 年 4 月，Guido 开始在 CNRI 工作。

我们将很多设施从荷兰搬到了弗吉尼亚州。我认为当时它是一个 CVS 仓库。所以我们将 CVS 仓库拉了过来，为 Python 做了很多系统管理工作，当然也开始开发 Python。

> **Barry Warsaw："Python 1.2 是我们从 CNRI 发布的第一个版本。和今天的 Python 在很多方面都很像。"**

我当时非常了解 C 语言，所以我们在 Python 的 C 内部以及 Python 标准库上做了很多工作。我认为 Python 1.2 是我们从 CNRI 发布的第一个版本。它在很多方面都和今天的 Python 很像。即便 Python 3 也与那时的 Python 有同样的感觉。虽然有很多很好的新功能，但我不知道你是否会认出它。

我似乎记得虽然 Python 有类，但它甚至没有关键字参数。我们以图形方式用 Tcl/Tk 做了很多事情。函数的签名变得荒谬，因为即使大多数参数都是 None，你也必须将它们全部传递进去。因此这就是做关键字参数的动机。总之，CNRI 很棒，与 Guido 在 Python 方面进行合作非常棒。最后 Guido 离职了，我们就停止了。

Driscoll：Steve Holden 说你是 PythonLabs 的一部分。你是创始人之一吗？

Warsaw：是的，在 2000 年，我们一群人离开了 CNRI，用 Python 寻求我们的财富。我们有 5 个人：Tim Peters，Jeremy Hilton，Fred

Drake，我自己和 Guido。Roger 留在了 CNRI。那个小组就是我们所谓的 PythonLabs，但它更像是一个圈内玩笑。我的意思是，它不是一个正式的组织。

> **Barry Warsaw:"在 2000 年，我们一群人离开了 CNRI，用 Python 寻求我们的财富。"**

我们加入了 BeOpen，但只待了几个月就离开了。然后我们都到了 Zope 公司。当然，我们只是觉得我们是一个由来自 CNRI 的 5 个人和 Tim Peters 组成的小俱乐部。这就是真正的 PythonLabs。我甚至在邮件列表上曾经开过一次玩笑，问 Tim PythonLabs 是否仍然存在。如果你去 pythonlab.com，你会发现 Tim 对我的问题的幽默回应。

Driscoll：你们在 PythonLabs 中有特定的角色吗？

Warsaw：没有，不过 Guido 确实领导了我们在 Python 上所做的工作以及我们用 Python 做的工作。

我记不清关于我们在开始时所做的事甚至 Zope 公司中发生的事的很多细节。当然，我们都有在 Zope 公司要完成的任务，但是我们会聚在一起研究 Python 本身。

> **Barry Warsaw:"我们研究了我们觉得有趣的内容，包括 Python 的内部、新功能、错误修复或基础设施。"**

我们研究了我们觉得有趣的内容，包括 Python 的内部、新功能、错误修复或基础设施。所有这些东西真的需要在那时完成，因为当时的 Python 社区比现在的小得多。

Driscoll：当时有没有针对 Python 语言要达成的目标？

Warsaw：你知道，我很难记住确切的时间表，但我确信有人可以追溯并弄清楚这些功能是什么。我只记得大的功能改进。

我在 CNRI 做过的最早的事情之一就是与 Roger 合作进行被称为重命名的工作。当时的 Python C 源代码没有像现在的 C API 那样拥有美好干净的命名空间。它们都只是在全局命名空间中命名。

问题在于人们试图嵌入 Python，但它不会起作用，因为这些名称与它们自己的符号冲突。所以我们进行了重命名，我们完成了整个 C API 内部的清理，这样你就可以将 Python 嵌入到其他 C 应用程序中。我记得那是我做过的第一件事。

当时在新式类（new-style classes）上也做了很多工作，当然在 Python 3 中只有唯一一种类。关于类型系统如何在新式类基础结构中工作也有很多讨论。

关于最初的研讨会我记得的另一件事是关于一个名叫 Don Beaudry 的人的。他正在做一些疯狂的元类破解。当然，Jim Fulton 对做元类之类的东西也很感兴趣。Jim 是 Zope 公司的首席技术官。

> **Barry Warsaw:**"在 **Python 2.2** 中，我们想要把元类做好，并用经典类的语义来解决一些问题。"

我记得在最初的 Python 研讨会上我并没有真正了解元类。那时它滑过了我的脑袋。但是，在 Python 2.2 中，我们想要把元类做好，并用经典类的语义来解决一些问题。

我记得当时有很多关于新式类如何工作，这样你就可以继承类型并定义新类型以及新实例的讨论。还有很多的功能，但我们都只对我们感兴趣的事情投入精力。

Driscoll：我似乎记得你曾参与了 Python 的初始电子邮件库。你还记得那是怎么发生的吗？

Warsaw：是的，我们早期做的事情之一是将 Python 邮件列表移到 CNRI。它仍然在 CWI 运行，这是 Guido 在他来到美国之前工作过的荷兰研究所。

Python 邮件列表在 Majordomo 上运行，Majordomo 是当时最受欢迎的邮件列表软件并且全部用 Perl 编写。当我们迁移它时，我们想要改进很多东西。顺便说一下，Ken Manheimer 实际上也参与了，因为他对 Mailman 项目的早期非常有帮助。

所以我们将 Majordomo 安装到 CNRI，但是我们想要做一些改变是非常不方便的，因为我们不喜欢用 Perl 开发。我们是 Python 开发者（Pythonistas），对吧？

> **Barry Warsaw:"我们不喜欢用 Perl 开发。我们是 Python 开发者(Pythonistas),对吧?"**

我们有一个名叫 John Viega 的朋友，当时他去了弗吉尼亚大学。在 Dave Matthews 乐队成名之前，John 和 Dave Matthews 乐队的成员是朋友。所以 John 希望用 Python 编写一个小的邮件列表管理器，他可以用它来将粉丝与乐队联系起来并发出公告。他写了邮件列表管理器，而我们听说了这个消息。

我们认为也许我们可以做 Python 邮件列表，因为拥有一个基于 Python 的邮件列表管理器会更好。所以我们得到了邮件列表管理器的副本，但 John 丢失了光盘和最终成为 Mailman 的原始副本。幸运的是，Ken 有一个他复活的副本，这样我们就能够开始研究它以支持 Python 社区的邮件列表。

我们决定称邮件列表管理器为 Mailman。然后我们将它放入 GNU 项目并将 GPL 放在它上面。我个人真正参与了 Mailman。这个项目很有趣，我真的很喜欢它，因为它实现了让人们沟通。

Barry Warsaw:"我真的很喜欢它,因为它实现了让人们沟通。"

关于早期 Mailman 软件的另一个非常酷的事情是它有一个 Web 界面,这是 Majordomo 当时没有的东西。在我看来,这是 Mailman 的决定性因素之一。

我意识到没有好的符合 RFC 的电子邮件解析软件。确实没有。标准库中有 rfc822 模块,但它不是很先进,并且用于电子邮件格式的新电子邮件标准正在出现。

很明显,rfc822 不会删掉它。所以我开发了一个名为 mimelib 的分支,它增加了对 MIME 结构的支持:组合消息,具有不同的 MIME 类型和图像。我们定义了一个模型来描述一封邮件消息,特别是 MIME 消息。

我们希望以编程方式构建电子邮件树。我们有一个解析器,以便你可以为它提供一堆 Python 2 字节字符串。你有了这个解析器,它会给你一个代表电子邮件消息的树。然后你可以操纵它并将该树传递给生成器。生成器会将树扁平化为电子邮件消息的字节表示形式,以及 MIME 边界和类似的东西。

我们试图尽可能地符合 RFC 标准。我认为我们非常成功,但它们的标准非常复杂。我想即使是现在我们也在学习它的缺陷和错误。无论如何,mimelib 是一个成品,我将 mimelib 作为一个单独的第三方包发布了。然后我开始在 Mailman 中使用 mimelib。拥有这个第三方包真的很有用,我们可以将它与 Mailman 分开单独开发,只是将其作为一个依赖项并入。

我不记得究竟是什么时候发生的,但是当我们觉得 mimelib 相当稳定并且 API 非常好时,有一个新的 Python 版本发布了。因此我们将 mimelib 并入标准库并将其重命名为 email 包，不管怎样这都是一个更好的名称，因为它不仅仅是 MIME。

> **Barry Warsaw:"我们将 mimelib 并入标准库并将其重命名为 email 包。"**

这就是 email 包的历史。它来自 mimelib，而 mimelib 来自为 Mailman 所做的工作，它建立在旧 Python 标准库中的 rfc822 模块之上。实际上我和那些家伙开玩笑说，我们应该将 PyCon 上的分组讨论称为爷爷的 Python 时光（Grandpa's Python Time）！我们已经使用 Python 这么久了。我们应该说："孩子们！来吧，坐在火堆旁。爷爷会告诉你过去那些有关 Python 的故事。"

Driscoll：我们谈到了 Mailman。你在领导该项目的过程中有什么想要分享的经验和教训吗？

Warsaw：我不确定我是不是最好的项目负责人！我有很多兴趣并且我发现很难在项目上花费适当的时间。

我很幸运地在 Mailman 项目中拥有几位核心开发者，他们都是出色的开发者，非常棒和非常友好的人。我的 PyCon 强调的是与核心开发者聚在一起进行社交活动，研究技术并使其保持在最新状态。

> **Barry Warsaw:"我的 PyCon 强调的是与核心开发者聚在一起进行社交活动,研究技术并使其保持在最新状态。"**

Mailman 现在已经永远存在，并且它仍然是一个可行的项目。我认为你必须真正开放，相信你的核心开发者，并愿意交出项目的一部分。优秀的网页设计师真正了解这项技术，并且可以设计一个看起来不错且使用起来很有趣的界面。这对我来说很好，因为那时我可以专注于那些真正令我感兴趣、可以激励我的东西。

我们有一些 Google Summer of Code 项目，我们的其中一位核心开发者正来自那里。他刚刚为我们的 Docker 镜像和一些胶水层（glue layer）完成了大量的工作。能够和你真正喜欢的开发者一起合作真是太棒了，他们真的非常聪明和友好。

你需要让开发者为 Python 社区提出建议。Python 社区热情友好，专注于在人们加入时为他们提供指导。因此，我认为另一个教训是坦诚公开你所做的事情，并分享你的时间和你的专业知识，因为它会给予十倍的回报。

> **Barry Warsaw："我认为另一个教训是坦诚公开你所做的事情,并分享你的时间和你的专业知识。"**

Driscoll：关于 Mailman 项目有什么你没有预料到的挑战吗？

Warsaw：噢，是的。现在我没有特别关注它，但因为 Mailman 是免费的并且我们将其开放了，我们甚至不知道使用它的人。

我们不以任何方式控制 Mailman，我们也不会告诉人们他们能做什么，不能做什么。大多数人将它用于非常好的事情，例如他们的自行车俱乐部，或者在很多技术讨论列表中。但有些人确实将 Mailman 用于恶意目的，比如向人们发送垃圾邮件。其中一个挑战是，当人们被不道德的开发者发送垃圾邮件时，他们会联系到我们，而且我们有时会收到很多威胁性的电子邮件，这非常令人沮丧。

我学到的一件事是，当人们懊恼时，他们会与你联系。他们经历了痛苦，因为他们被其他人发了垃圾邮件。他们不知道谁在向他们发送垃圾邮件，而且他们没有从那个人那里得到任何安慰，所以他们四处寻找。

现在，我们发布了非常醒目的通知，即我们不能容忍垃圾邮件，我们不赞成将 Mailman 用于任何非法目的。我们鼓励人们使用

Mailman 进行意愿询问（opt-in），这样你知道你正在注册某些内容。但我们无法真正控制它。

> **Barry Warsaw:"我发现有帮助的事情之一是让人们知道在 Mailman 的另一边有一个人。"**

我们没有任何管理访问权限，但人们会在懊恼时与我们联系。我发现有帮助的事情之一是让人们知道在 Mailman 的另一边有一个人。有时我们会做一些努力，看看我们是否可以找到联系人，或找到他们的托管服务提供商。即使是最懊恼的人通常也非常欣赏这一点。

所以这在早期确实很有挑战性。人们会发送非常恶意的电子邮件到我的个人电子邮箱，这真的令人懊恼。互联网上有各种各样的人，对吧？

Driscoll：当我们为一周 PyDev 系列演讲时，你提到你曾在 Canonical 工作过。在 Linux 发行公司工作是什么感觉？

Warsaw：嗯，真的太棒了。4 月份我结束了那里的工作，但我已经在那里待了 10 年。我真的很喜欢这份工作，那是一个很好的职位，因为我觉得我可以真正帮助 Ubuntu 和 Debian 的 Python 社区。

在 Canonical 工作是一个很好的机会，可以帮助那些 Linux 发行版的用户，比如 Ubuntu 或 Debian，以及那些平台上的 Python 用户。我是 Python 的核心开发者，所以当出现问题时，我能够知道是否需要在 Debian 或 Ubuntu 中进行修复，并询问是否需要进入上游 Python 或某个库。

> **Barry Warsaw:"我是 Python 的核心开发者,所以当出现问题时,我能够知道是否需要在 Debian 或 Ubuntu 中进行修复,并询问是否需要进入上游 Python 或某个库。"**

我有机会与各种 Python 项目密切合作。我还能够与 Python 本身进行互动，并且在我认为需要对其进行改进以便在 Linux 发行版上进行分发的 Python 领域工作。所以真的很有趣。这是一次很棒的经历，我很高兴我有机会这样做。

Driscoll：你在 Canonical 的角色到底是什么？你能解释一下吗？

Warsaw：好的，我是基金会（Foundations）团队的成员，这是一个小型团队，负责 Linux 发行版的这类管道层（plumbing layer）。

设想一下，在最底层你有一个内核，对吧？我们没有做任何内核工作，因为我们有一个单独的内核团队。但是除此之外，你还可以使用诸如引导过程、编译器、工具链和构建归档运行状况的包此类的东西。因此，当东西进入归档时，你希望确保它稳定且强健。所有这些都是内核之上、桌面之下的东西的随机组合。

基金会团队负责的一件事是语言解释器。Python 在编写操作系统本身和构建进程使用的脚本方面是相当流行的，因此它对于 Ubuntu 和许多 Linux 发行版来说都是非常重要的语言。

> **Barry Warsaw："我负责的事情之一是 Ubuntu 上 Python 生态系统的整体健康状况。"**

我负责的事情之一是 Ubuntu 上 Python 生态系统的整体健康状况。这包括过渡方面的工作，比如试图使每个人都移到 Python 3。当新版本的 Python 出现时，虽然我没有直接负责解释器，但我参与了它所涉及的所有包的工作。

为了使 Python 3.5 成为 Ubuntu 上的默认版本，你需要执行许多步骤。这是一个漫长的过程。很多包都不会构建，或者它们在新版本的 Python 中存在缺陷，因此你必须修复这些缺陷，确定优先级等等。因此，我在 Ubuntu 上做的主要事情之一就是做 Python 生态系统方面的工作。

此外，我正在研究这些工具，找出 Ubuntu 开发者使用 Python 工具时的痛点。我试图弄清楚如何改进它们以及在哪里改进它们。例如，如果在 Ubuntu 上使用 pip 和 setuptools 存在一些摩擦，那么修复可能必须深入 pip 和 setuptools 内部。我有责任了解人们在使用 Ubuntu 时遇到的痛点。

> **Barry Warsaw："此外，我正在研究这些工具，找出 Ubuntu 开发者使用 Python 工具时的痛点。我试图弄清楚如何改进它们以及在哪里改进它们。"**

另外，我向在 Ubuntu 上使用 Python 的人咨询了很多。如果人们有 Python 问题，我会与他们合作，回答他们的问题，并进行代码审查。

我还与社区中的很多人一起合作。如果社区中使用 Ubuntu 的人员对 Python 如何工作有疑问或遇到问题，那么我就是他们可以交谈和合作的人之一。其中有很多是社区驱动的，但我认为如果你真的想让一个发行版成功，那么你必须把资源投入其中。每个 Linux 发行版都将资源投入其社区，否则它将会崩溃。

> **Barry Warsaw："其中有很多是社区驱动的，但我认为如果你真的想让一个发行版成功，那么你必须把资源投入其中。"**

Driscoll：让我们继续讨论一个略有不同的话题。你认为是什么让 Python 成为现在这样优秀的人工智能和机器学习语言？

Warsaw：Python 是一种出色的胶水语言。对于专业程序员和研究人员以及并不以编程作为主要职业的人来说，它也非常容易学习和使用。

我认为有两个方面使 Python 成为机器学习等领域的优秀语言。这种语言在你进行实验时非常具有可塑性，但在构建更大的系统时非常强大。我认为这也是我们看到 Python 在数据科学中变得如此受欢迎的原因之一。这些技术中编程通常都不是核心，而是进行研究的次要技术。

Driscoll：我们可以做些什么来使 Python 成为更好的人工智能和机器学习语言？

Warsaw：我不认为需要对 Python 做进一步改进，但可能可以改进 Python 生态系统以提高 AI/机器学习库的可见性，并使这些库与其他 Python 应用程序、框架和库的集成变得更加容易。

Driscoll：我很好奇你现在在做什么？

Warsaw：几周前我刚开始与 LinkedIn 合作，我很喜欢。我认为这是一家伟大的公司，他们使用了大量的 Python。所以我还在做 Python 方面的工作。我正在 LinkedIn 内部开发 Python，我喜欢这个团队。

我认为 LinkedIn 有一项伟大的使命，我对公司正在努力做的事情感到很兴奋。我们的任务是将人们与经济机会联系起来，所以 LinkedIn 帮助我找到工作并且这项工作恰好与 LinkedIn 有关，这很有趣！

LinkedIn 还有很多其他的东西。我非常喜欢帮助人们找到适合他们的职业生涯中想要做的事情。

Driscoll：既然你对 Python 有如此深入的了解，你能否告诉我你是否将 Python 看作是未来的语言？

Warsaw：这是一个非常有趣的问题。我认为在某些方面很难预测 Python 的发展方向。我参与 Python 已有 23 年了，但我无法在 1994 年预测到今天的计算世界会是什么样子。

> **Barry Warsaw:**"我参与 Python 已有 23 年了,但我无法在 1994 年预测到今天的计算世界会是什么样子。"

我看看手机、IoT(物联网)设备以及拥有云计算和容器的当今计算环境。所有这些东西真是太棒了。所以没有真正的方法可以预测哪怕 5 年后的 Python 会是什么样子,更不能预测 10 年或 15 年之后的。

我认为 Python 的未来仍然非常光明,但我认为 Python,尤其是 CPython,它是 C 语言中的 Python 实现,具有挑战性。任何长期存在的语言都会遇到一些挑战。Python 是为了解决 20 世纪 90 年代的问题而发明的,现在的计算世界已不同了,并且将会变得更加不同。

> **Barry Warsaw:**"Python 是为了解决 20 世纪 90 年代的问题而发明的,现在的计算世界已不同了,并且将会变得更加不同。"

我认为 Python 面临的挑战包括性能和多核或多线程应用程序。肯定有人正在研究这些东西,可能出现其他的 Python 实现,就像 PyPy、Jython 或 IronPython 一样。

除了各种实现所面临的挑战之外,Python 作为一种语言有它的真正优势,它可以根据人的规模一起扩展。例如,你可以让一个人在他的笔记本电脑上编写一些脚本来解决他遇到的特定问题。Python 非常适合做这样的事。

> **Barry Warsaw:**"Python 作为一种语言有它的真正优势,它可以根据人的规模一起扩展。"

Python 也可以扩展到一个小型开源项目,可能有 10 或 15 人参与。Python 可以扩展到有数百名人员参与的相当大的项目,或者有数千名人员参与的巨型软件项目。

Python 作为一种语言的另一个惊人的优势在于，新的开发者可以轻松地学习它并快速提高工作效率。他们可以为他们以前从未见过的项目提取全新的 Python 源代码，深入并快速学习。Python 在根据人的规模进行扩展方面存在一些挑战，但我觉得这些问题正在被诸如类型注释之类的东西所解决。

在非常大的 Python 项目中既有初级开发者也有高级开发者，初级开发者可以花很多精力来理解如何使用现有的库或应用程序，因为它们来自更静态类型的语言。

因此许多构建非常大的 Python 代码库的组织正在采用类型注释，可能不是为了帮助提高应用程序的性能，而是为了帮助新开发者的入门。我认为这有助于 Python 继续根据人的规模扩展。

> **Barry Warsaw："我认为，如果我们解决其中一些技术限制……那么我们真正可以实现 Python 接下来 20 年的成功和增长。"**

对我来说，语言的扩展能力和 Python 社区的热情本质是使得 Python 在 23 年后仍然引人注目的两个因素，并将继续使 Python 在未来引人注目。我认为，如果我们解决一些完全可行的技术限制，那么我们真正可以实现 Python 接下来 20 年的成功和增长。

Driscoll：你是否知道 Python 的一些新功能，或者是否有其他令你感到兴奋的功能?

Warsaw：是的，我的另一位朋友，Eric Smith，他也是一名核心开发者，提出了这些很棒的功能，而这些功能是你使用 Python 必定会用到的。

一个新功能是 Python 3.6 中的 f 字符串，即格式字符串。我只在几个项目中使用了 f 字符串，因为它们是 Python 3.6 增加的新功能，但我喜欢 f 字符串。我也喜欢 contextlib。

> **Barry Warsaw:"我在每次发布时都这么说,但 Python 3.7 真的会成为有史以来最好的版本。"**

我对 Python 3.7 也很期待。我在每次发布时都这么说,但 Python 3.7 真的会成为有史以来最好的版本。我们将看到一些出色的新库,改进了对 *asyncio* 的支持,以及更好的性能。Python 开发与以往一样充满活力,我相信我们工作流程的改进(例如,转换为 Git 和 GitHub)确实为更多人开放了 Python 的发展。

我喜欢人们尝试疯狂的想法,比如 gilectomy,即使他们没有成功,也为未来的发展提供了素材。C Python 的实现易于理解、导航和更改,但使其成为实验和进行更改的友好平台还有很长的路要走。

一直以来,我们都有 Guido 的持续管理工作和其他长期开发者提供的远见和一致性,所以虽然今天 Python 看起来与 20 多年前的 Python 非常不同,但它仍然像设计精良、一致、易于学习且可扩展的语言。

Driscoll:你如何看待 Python 2.7 的长寿?

Warsaw:我们都知道我们必须使用 Python 3,因此 Python 2 的生命是有限的。我把让 Ubuntu 的用户使用 Python 3 当作我的一项任务。同样,在 LinkedIn,我真的很兴奋,因为我的所有项目现在都基于 Python 3。Python 3 比 Python 2 更引人注目。

> **Barry Warsaw:"我们都知道我们必须使用 Python 3,因此 Python 2 的生命是有限的。"**

你甚至没有了解到 Python 3 中的所有功能。我认为真正棒极了的功能之一是异步 I/O 库。我在很多地方都使用它,并且认为它是一个从 Python 3.4 开始就非常引人注目的新功能。即便使用 Python 3.5，使用了基于 I/O 的应用程序的新异步关键字，*asyncio* 也很棒。

有很多这样的功能，一旦你开始使用它们，你就不能回到 Python 2 了。那样会感觉很原始。我喜欢 Python 3 并且在我所有的个人开源项目中使用它。我发现退回到 Python 2.7 通常是一件苦差事，因为你所依赖的许多很酷的东西都会丢失，尽管有些库可以向后兼容 Python 2。

我坚信应该完全接受 Python 3。我不会再写一行不支持 Python 3 的新代码，尽管可能出于商业原因需要继续支持现有的 Python 2 代码。

转换到 Python 3 几乎从未如此困难，尽管仍有少数依赖项不支持它，通常是因为这些依赖项已被放弃。它确实需要资源和精心规划，但任何经常处理技术债务的组织都应该计划转换到 Python 3。

也就是说 Python 2.7 的长寿很好。我认为它提供了两个重要的益处。首先它提供了一个非常稳定的 Python 版本，几乎是一个长期支持版本，因此人们甚至不必考虑每 18 个月更改一次 Python（新版本的典型开发时间正在研究中）。

> **Barry Warsaw："Python 2.7 的长寿也使得生态系统的其他部分能够赶上 Python 3。"**

Python 2.7 的长寿也使得生态系统的其他部分能够赶上 Python 3。这样那些非常积极支持 Python 3 的人可以打磨锋利的边缘，让其他人更容易遵循。我认为我们在如何以最大的成功机会切换到 Python 3 方面拥有非常好的工具、经验和专业知识。

我认为大约随着 Python 3.5 的发布我们已经达到了某个转折点。不考虑数字的含义，我们已经超越了关于选择 Python 3 的争论，特别是对于新代码的选择。Python 2.7 将在 2020 年中期结束它的生命，这是正确的，虽然对我来说还不够快！在那时用 Python 3 进行开发会更有趣。那就是你将看到的 Python 开发者最大的能量和热情。

Driscoll：你希望在未来的 Python 版本中看到哪些变化？

Warsaw：我最近一直在想我们开发 C 扩展模块的方式发生的重大变化。我希望看到我们通过采用像 Cython 这样的东西作为高级语言和生成扩展模块的工具来摆脱这项业务。通过这样做，我们为 C API 的改进奠定了基础，与所有现有的扩展模块脱钩。

我们将能够尝试更多破坏 C API 的内部更改，例如删除全局解释器锁（GIL）或采用传统的垃圾收集器。如果你看一下 gilectomy 的工作（例如，删除 GIL 的一个实验分支），非常复杂，因为它必须尽可能地保持与现有 C API 的兼容性。如果我们能打破这一点，在不破坏与第三方模块的源级兼容性的情况下，我们可以更自由地在内部改进。

Driscoll：谢谢你，Barry Warsaw。

～ **10** ～

Jessica McKellar
（杰茜卡·麦凯勒）

Jessica McKellar 是一位美国软件工程师和企业家。她是几个开源项目的维护者，也是 *Twisted Network Programming Essentials* 的合著者。Jessica 是 Python 软件基金会（PSF）的前任主任，也是波士顿 Python 用户组的前组织者。她热衷于发展 Python 社区，并担任北美 PyCon 的多元化发展主席。

Jessica 是 Pilot 的创始人兼首席技术官，Pilot 是一家由软件驱动的会计公司。此前，她是 Zulip 的创始人和工程副总裁，该公司是 Dropbox 收购的实时协作初创公司。

讨论主题：Python 和行动主义，PSF，Twisted。
Jessica McKellar 的推特联系方式：@jessicamckellar

Mike Driscoll：你能介绍一下自己的背景信息吗？

Jessica McKellar：我是一名企业家、软件工程师和目前居住在旧金山的开源开发者。

我非常自豪能够在 Python 社区计划中发挥作用。我开玩笑说我不需要去度假，因为我总是去各种 Python 会议上发言。这让我有机会与世界各地的 Python 社区交流并向他们学习。

> **Jessica McKellar：“我非常自豪能够在 Python 社区计划中发挥作用。”**

我很高兴在 2013 年赢得了 O'Reilly 开源奖，以表彰我在 Python 社区所做的外展工作。这是对许多有才华的人的长期努力的肯定，我也很幸运地把他们称为我的朋友。

我现在是一家早期企业软件公司的创始人和首席技术官，我很高兴从一开始就一直使用 Python 3 并从中受益。在此之前，我是 Zulip 的创始人和工程副总裁。

在此之前，我是麻省理工学院的一名计算机呆子，我和我的朋友们一起加入了 Ksplice，这是一家为 Linux 上的无重启内核更新构建服务的公司，最后它被 Oracle 收购了。这些不同的经历让我入选了 2017 年福布斯 30 位 30 岁以下的企业软件年度人物，我当时的年龄正好赶上了。

Driscoll：你为什么成为程序员？

McKellar：我一直很喜欢使用计算机。一张很著名的家庭照片是我站在 Apple IIci 前面，一手拿着一个瓶子，另一手拿着一只鼠标。但是在我上大学之前，我都没有任何学习如何编程的打算。

我的第一个学位实际上是化学的。在我上化学课的时候，我的很多朋友都在计算机科学（CS）系。我会用眼角稍稍关注他们，心想着他们似乎正在学习一个工具包，里面装满了解决世界上的各种问题的工具。我也想要那些技能。

我在大二的时候参加了几个 CS 课程，立刻迷上了计算机科学并秘密地在一家软件公司进行暑期实习，而没有告诉我的化学导师（我不推荐这种做法）。我设法利用剩余的几个学期获得了一个 CS 学位。

学习如何编程是一种深刻的体验。你慢慢熟悉一个系统并学习如何以结构化的方式分解和解决其中的问题。你作为一个调试者和问题解决者获得了信心。

> **Jessica McKellar**："学习如何编程是一种深刻的体验……你作为一个调试者和问题解决者获得了信心。"

为免费和开源软件项目作贡献也是一种深刻的体验。你会被灌输这样的思想：如果你觉得语言、库或生态系统中的某些东西还可以进一步改进，那么你可以与其他贡献者一起做出改变，为每个人带来好处。

> **Jessica McKellar**："为免费和开源软件项目作出贡献也是一种深刻的体验。"

相信你拥有识别问题的工具，将其分解为多个步骤，并与其他人合作实施解决方案是一种强大的心态。这是一种积极的心态。编程深刻地影响了我对自己的看法以及我对社区的责任。它激发了我在从编程教学到刑事司法改革等各种举措方面的努力。

> **Jessica McKellar**："编程深刻地影响了我对自己的看法以及我对社区的责任。"

所以我说我学会如何编程，是因为我想要拥有程序员所拥有的问题解决工具包，但其最持久的效果是它让我成为一名积极分子。从那以后我投入了大量精力为其他人创造机会，让他们学习如何编程，因为我们需要尽可能多的人，在这个星球上，拥有编程鼓励的积极心态。

> **Jessica McKellar**:"我们需要尽可能多的人,在这个星球上,拥有编程鼓励的积极心态。"

Driscoll：为何选择 Python?

McKellar：我学习了 Python，因为这是麻省理工学院许多计算机科学课程中使用的语言。我当时是一名学生，在大学期间经历了从 Lisp 到 Python 的大转变。

此后我在我的每一份工作和我创立的每一家公司中使用 Python。人们应该总是使用正确的工具来完成任何任务，而 Python 具有如此广泛的实用程序和如此成熟的生态系统，所以很幸运地，它常常就是正确的工具。

Driscoll：Jessica，你的第一家初创企业是怎么来的?

McKellar：我的第一家初创公司是 Ksplice，它源自我们的首席执行官 Jeff Arnold 的硕士论文。

Ksplice 团队拥有大量的集体开源经验，这有助于我们与 Linux 内核社区进行交互。我们在开源中获得的经验和知识也形成了我们在高度分散的团队中进行软件开发的方式。

Driscoll：你能告诉我们你是如何成为 PSF 的主任的吗?

McKellar：我的 Python 社区参与经历是从本地社区开始的。我当时正在与波士顿 Python 用户组合作，为新程序员举办一系列入门研讨会，作为多元化外展计划的一部分。然后我成为波士顿 Python 用户组的组织者。

Jessica McKellar：" 我的 Python 社区参与经历是从本地社区开始的。"

当我被邀请加入 PSF 的外展和教育委员会的就职队伍时，这项工作变得更加全球化，该委员会资助了全世界 Python 社区的社区建设和教育计划。

那时，我很感激 PSF 主任 Jesse Noller 鼓励我为社区建设寻求更大的平台。他提名我成为董事会的董事。我在 2012 年当选，任期 3 年。

Driscoll：作为主任你的工作重点是什么？

McKellar：我的工作重点是全球社区发展，包括为用户组、会议和外展活动提供财务支持和大量组织基础设施。

Driscoll：你作为 Twisted 的核心维护者有什么收获？

McKellar：我的第一个开源贡献是给 Twisted 的，这是一个用 Python 编写的事件驱动的网络引擎！

我清楚地记得那个贡献的形成历程。我在实习期间在一个项目中使用了 Twisted，我正在使用一些我认为可以更清楚的文档。我说："嘿，这是我为一个开源项目作出贡献的机会。我要去做。"

我可能从上到下阅读了三遍贡献指南。我很担心我可能会犯错，有人会对我大喊大叫。我记得在 IRC 版块中紧张地闲逛，在问题跟踪器中开启了一个新问题，加入一个 `diff` 并生成和重新生成文档以说服自己一切看起来都很完美。我把手放在提交按钮上整整一分钟才敢点击。

结果是 Twisted 的创建者（10 年后仍然是朋友和同事）Glyph Lefkowitz 耐心地带领我完成了审查过程。他见证了我的改变并鼓励我继续参与。我对为开源项目作出贡献有了第一次非常积极的体验。

> **Jessica McKellar:**"我对为开源项目作出贡献有了第一次非常积极的体验。"

这最终成了对 Twisted 和我而言都很好的一个投资，因为我继续贡献更多的补丁，成为核心维护者并写了一本关于这个库的书。

因此，通过 Twisted 得到的持久的开源项目收获是建立一种欢迎新贡献者的文化的重要性。既是因为这是正确的做法，也是因为吸引和保留多元化的贡献者对于维持一个被许多人和公司所依赖的大型开源项目而言至关重要。

> **Jessica McKellar:**"通过 Twisted 获得的持久的开源项目收获是建立一种欢迎新贡献者的文化的重要性。"

Driscoll: 你能再介绍一下你创立的 Pilot 公司吗？

McKellar: Pilot 是一家会计公司(http://pilot.com)。与现有的会计服务不同，我们使用软件来自动化繁重的工作并使用一小组专业人员来处理其余的工作。这样可以使账簿更准确（工作更少，更省心）并且更便宜。基于 Python 3 建立这家公司真是一件令人高兴的事!

Driscoll: 谢谢你，Jessica McKellar。

~ 11 ~

Tarek Ziadé
(塔里克·齐亚德)

Tarek Ziadé 是一位法国 Python 开发者和作者。他曾经是 Nuxeo 公司的 R & D 开发者以及 Mozilla 公司的软件工程师。如今 Tarek 是 Mozilla 公司的资深应用工程师，为开发者创建工具。他也编写了几本 Python 书籍，有用英文写的也有用法文写的，包括《Python 高级编程》（*Expert Python Programming*）和

Python Microservices Development。Tarek 是法国 Python 用户组 Afpy 的创建者，并在 PyCon 和 EuroPython 大会上做过多次演讲。他还经常为开源 Python 项目作贡献。

讨论主题：AI, v2. 7/v3. x, Afpy。
Tarek Ziadé 的推特联系方式：@tarek_ziade

Mike Driscoll：为什么你会成为一名程序员？

Tarek Ziadé：现在看来，我成为一名程序员主要有两个原因：第一个原因是希望成为我自己的小小世界的主宰，第二个原因是希望让我的妈妈为我感到骄傲，因为我的妈妈也是一名程序员。

在我 6 岁的时候，我和妈妈去一个展览会。有一张巨大的纸铺在地板上，上面有一只带着一支笔的乌龟。你可以用卡片对乌龟进行编程，告诉乌龟往哪里走以及什么时候在纸上落笔。我对那只乌龟非常着迷。对即将发生的事情进行规划的感觉太好了。

几年以后，妈妈为我们购买了一台真正的电脑（Thomson TO8D)，我可以进行 BASIC 和 Assembly 编程。我甚至还完成了很不可思议的事情。在妈妈的帮助下，我可以驱动机器人了。

Driscoll：那么你和你的妈妈用机器人都做了哪些事情呢？

Ziadé：我们购买的那台电脑有一个可编程串行端口和一个可扩展的并行端口，这样的配置在当时是非常难得的。

由于端口是可以直接寻址的，我们用 BASIC 或 Assembly（通过一个笔芯）驱动步进式引擎。这并没有什么巧妙的，但是作为一个小孩来说，能够在家里完成当年用那只乌龟可以完成的工作让我感到很惊奇。

我妈妈也买了一台昂贵的 Olivetti 笔记本电脑，还有一台小型针式打印机，可以打印出三种颜色。我们在打印分形时玩得很开心。妈妈帮助完成一些费力的提举工作（作为一名数学老师），而我则负责调整颜色。

Driscoll：那你是怎么接触到 Python 的呢？

Ziadé：当我在 19 岁开始职业编程时，使用的是 Borland 工具

（C++ Builder 和 Delphi），它们可以使用 VCL 组件。

我的公司购买了一些 VCL 组件，但是我们对其作者提供的贫乏的支持和一些缺陷感到很沮丧。就在那个时候我发现了 Indy 项目，该项目正在开发和发布开源的 VCL 组件，这些组件提供了大部分网络协议。当时这个库对于我们来说，就像是今天 Request 之于 Python 的意义。

> **Tarek Ziadé:"围绕开源项目建立的社区给我留下了深刻的印象,它是软件计算的发展方向。"**

我被这种开源的概念吸引了。围绕开源项目建立的社区给我留下了深刻的印象，它是软件计算的发展方向。在我的在线研究过程中，我发现了 Zope 项目并最终通过该项目发现了 Python。几个月之后，我加入了一个正在构建 Zope CMS 的公司。

Driscoll：那么你用 Python 语言做过机器人项目吗？

Ziadé：并没有。当我第一次拥有 Raspberry Pi 的时候，我对它做了一些破解。我还用过一个手提箱、一些旧的汽车对讲机和一个带有 Wi-Fi 适配器和 Mopidy 的 Raspberry Pi 对一台无线手提式录音机进行了破解。

> **Tarek Ziadé:"我还用过一个手提箱、一些旧的汽车对讲机和一个带有 Wi-Fi 适配器和 Mopidy 的 Raspberry Pi 对一台无线手提式录音机进行了破解。"**

通过 Python 我考虑用 OpenCV 库做图像处理。我做的大多数其他电子项目是用 Arduino 及其伪 C 语言代码。我做的最高端的项目是一辆小的 RC 汽车。我的经历差不多就是这样了，后来我就感到厌烦了。

Driscoll：Python 目前在 AI 和机器学习领域非常火。你认为是什么使 Python 这么火？

Ziadé：我认为 Python 在 AI 领域这么火是因为 SciPy 社区构建了一些顶级的框架，并且过去几年中一些库如 pandas、scikit-learn、IPython/Jupyter 为科学家们降低了使用 Python 的门槛，令他们开始使用 Python 而不是 R 语言或其他工具。

> **Tarek Ziadé："AI 和机器学习创新是由学术界引领的……Python 也非常自然地成为 AI 和机器学习的选择。"**

AI 和机器学习创新是由学术界引领的。由于 Python 正逐渐成为学术界学习编程的主流语言之一，Python 也就非常自然地成为 AI 和机器学习的选择。

Driscoll：你个人喜欢 Python 的哪些方面呢？

Ziadé：我可以说是爱上了 Python 和 Python 社区。Python 是开源的、多样的、强大的并且易于编码的。

我的语言背景是 C++和 Delphi，起初我认为 Python 是一门很弱的脚本语言，不能用于构建正式的应用。最终我被创建 Python 程序的简单性所震撼，并且创建的 Python 程序是如此的精确并且直接易懂。

那时 C++和 Delphi 对于我所构建的所有网络应用来说都过于工程化。我可以直接编写符合 KISS 规则的 Python 脚本来构建同样的网络应用。

Driscoll：你觉得 Python 作为一门语言的优势和弱势在什么地方？

Ziadé：如今我经历了 Python 编程逾十年的发展，我认为 Python 最大的优势是 Guido van Rossum 和 Python-Dev 团队的远见卓识。就我所知，在过去 20 年里他们所作的每一个决定都是很好的。

> **Tarek Ziadé："我认为 Python 最大的优势是 Guido van Rossum 和 Python-Dev 团队的远见卓识。"**

从备忘录（一个 CPython 冻结设计，以便像 PyPy 和 Jython 这样的其他实现能够跟上）到异步特征如何慢慢地加入，Python 向着正确的方向发展。

每次 Python 比其他语言稍微落后一点时，总是会有新的特征加入。Python 不像其他语言一样有一个耀眼的开始，随后衰败，Python 每年都在逐渐变得更加强大。

Python 的一个弱点是其标准库。一个包被加入 stdlib 后通常不会被移除是一个问题。例如 stdlib 现在有两个叫做 Future 的类，而这两个类是不同的。其中一个 Future 类在 `asyncio` 包中，另外一个 Future 类在 `concurrent` 库中。我希望 Python 能对其标准库 stdlib 做一些改进。

我认为 Python 最大的弱点是 Python 2 与 Python 3 之争。这个问题导致了一些开发者的流失，因为使用版本的不确定性。现在看来，我们已经度过了这个争论的阶段，这当然是件好事情。

> **Tarek Ziadé："我认为 Python 最大的弱点是 Python 2 与 Python 3 之争。"**

Driscoll：你怎么看 Python 2.7 的长寿？

Ziadé：我认为这个过渡需要一定时间，但是现在看来过渡已经成功了。Python 2 与 Python 3 之争已经结束，因为 python 3 生态系统对大多数项目来说已经足够成熟。

据我所知，几乎没有主要的库或者框架仍然缺乏 Python 3 支持。因此仍然用 Python 2.7 开始一个新项目并不是一个好的选择。人们使用 Python 时通常都会选择 Python 3。总有一天 Python 2.7 将会不再存在，而没有人会再怀念它。

> **Tarek Ziadé:**"总有一天 Python 2.7 将会不再存在,而没有人会再怀念它。"

Driscoll：你怎么会成为 Python 书籍的作者的呢?

Ziadé：当我开始用 Zope 和 Python 编程时,我是一个叫作 Zopeur 的法国论坛的创建者和维护者。我用了大量的时间回答所有的问题。

Zopeur 是作为一个个人项目开始的,因此如果我停止答复这些问题,那么也就没有人会回答这些问题。我也在搜索这些问题的答案并在深入研究细节的过程中学习到很多东西。

> **Tarek Ziadé:**"我也在搜索这些问题的答案并在深入研究细节的过程中学习到很多东西。"

我写第一本关于 Python 的书是因为我想深入了解 Python 并让我的工作对其他人有用。由于此前并没有一本法语的 Python 书,我也算是填补了一个空白。

Driscoll：你在写作的过程中有什么收获吗?

Ziadé：写书是一个漫长而耗费精力的项目。第一本书花了我 9 个月的时间,而且完成得很痛苦。当然放弃是很容易的,通常也很容易迷失在细节中,忘记了大局。我学习到如何组织我的想法并且在脑海中记住大局。

当我用英语写第一本书时,我也体验到了用一种非母语语言写书的困难。你需要尽可能直接且简短地组织你的语言。我也需要面对一个更大的读者社区,这既带来了好处也带来了挑战。

关于写书的最后一件重要的事情是你需要接受你的书永远不可能完美的事实。当你完成编写时,你需要回过去阅读第一章,你可能希望再次重写其中的内容。

> **Tarek Ziadé:"你需要接受你的书永远不可能完美的事实。"**

Driscoll：你从读者那里有什么收获吗？如果有，那收获是什么？

Ziadé：我从我的读者那里得到了很多反馈。我也收到了一些来自读者的电子邮件，跟我分享他们的想法。

有时候读者希望指出一些错误或者分享一些他们认为更好的解决方法。我也收获了一些有趣的思路，我真希望在书出版之前就能用上它们。我认为书籍在网上实时发布是最好的，因为读者可以在作者发布各个章节时及时给出反馈。

Driscoll：你知道在你的法文的 Python 书出版之后还有其他的法文的 Python 书出版吗？

Ziadé：准确来说，在我的书之前还有一本关于 Zope 的书。但是据我所知，我的书是第一本由母语是法语的作者编写的完全关于 Python 的法文书。从那之后就有很多法文的关于 Python 的书。我现在是保守派了。

> **Tarek Ziadé:"我的书是第一本由母语是法语的作者编写的完全关于 Python 的法文书。"**

Driscoll：你为什么创建法国 Python 用户组 Afpy?

Ziadé：正如我前面提到的，我当时正在维护一个叫作 Zopeur 的 Zope/Python 论坛。在某一时刻我有了在巴黎和一些活跃成员一起做线下交流的想法。我们聚在一起喝酒并成立了一个关于 Python 的基金会。在那之后我就关闭了我的论坛，然后我们建立了 Afpy。

Driscoll：你当时面临的挑战是什么，而这些挑战现在还在吗？

Ziadé：最开始几年 Afpy 的运作是非常好的。我们都是好朋友，因对 Python 的激情而聚在一起。

我们面临的第一个挑战是如何融合法国公司成为 Afpy 的一部分。这花了我们好几年的时间，因为企业希望利用我们的基金会作为推广他们业务的工具（有时这样的推广是很激进的）。我们当时在冒着失去 Afpy 的最初精神的风险。

> **Tarek Ziadé:"我们当时在冒着失去 Afpy 的最初精神的风险。"**

我们还有些担心如果来自同一家公司的几个开发者被推选进入指导委员会会发生什么。但是当我们开始组织法国 PyCon 的时候，这些公司自然成为赞助商。现在看来，我认为我们比较保守的做法是正确的。

另外一个挑战是在尝试 Afpy 中引入更多的多样性。我们基金会中绝大部分都是男人，我希望让我们的基金会对更多的女性开放。我为此做了一些工作，但是发现多样性是一个非常有争议的话题。最终我被政治搞得精疲力竭，并且这个工作也不再有趣。

> **Tarek Ziadé:"最终我被政治搞的精疲力竭,并且这个工作也不再有趣。"**

我担任 Afpy 的主席 7 年，因此我觉得是时候退出了。我不确定 Afpy 现在的状态是什么，因为我现在没有再参与了。但是 Afpy 看起来仍然是一个活跃的用户组，这是一件非常棒的事情。

Driscoll：是什么让你在众多选项中选择了 Zope?

Ziadé：当时的标准是 PHP 驱动的框架，但是 Zope 也是非常棒的。Zope 当时非常新颖，并且和 Python 结合后其功能不仅仅是网页方面的。

> **Tarek Ziadé:"Zope 当时非常新颖, 并且和 Python 结合后其功能不仅仅是网页方面的。"**

Plone 开始流行并且在法国非常受欢迎。专门为政府机构构建 CMS 的公司通常会采用 Plone, 因为其内置了大部分功能。Plone 在可达性和群组软件方面曾经是最优秀的。

Driscoll: 你现在用什么 Python 网络框架, 你为什么会选择它?

Ziadé: 在 Mozilla 公司我们大量使用 Django 和 Flask, 也会使用一点 Pyramid。偶尔我们还会使用一些 Twisted 和 Tornado。由于我们现在将大部分东西转移到 Docker 镜像中, 开始新的项目的开发者不再束缚于特定的 Python 版本。因此一些异步框架也开始被使用。

当我能选择我要使用的框架时, 我喜欢为非常简单的网络服务使用 Bottle, 而在需要一些 UI 的较大项目中使用 Flask。有非常多的 Flask 库可供使用。这就是说, 我将开始的下一个服务器端的项目将会采用 aiohttp。

Driscoll: 你可以谈论一些你做过的开源项目吗?

Ziadé: 我做了几个项目, 但我现在非常着迷的一个项目是 molotov (http://molotov.readthedocs.io/)。一个小的负载测试工具, 基于 Python 3.5＋和 aiohttp 客户端, 我们利用它测试我们的网络服务。

> **Tarek Ziadé:"我现在非常着迷的一个项目是 molotov。"**

molotov 的设计专注于尽可能地让开发者通过使用简单的 Python 协同程序描述场景来直接编写负载测试。当我们有这些函数集合后, 这些函数就可以用于运行简单的冒烟测试（smoke test）、负载测试和分布式负载测试。

利用 `asyncio` 和 `aiohttp`，`molotov` 可以发送我们的服务上非常惊人的负载，而我们可以用单一 `molotov` 客户端终止大多数服务。我在这个工具的顶端加入了一些 CI 辅助函数（Helper），这样我们可以持续地测试我们的服务性能。

这个季度我将加入的一个扩展是用 Docker 镜像在 AWS 上部署一个栈的功能。该功能发生在运行负载测试之前并且在完成时会抓回一些指标。我们还有一个更大的项目 Ardere，它驱动用于做分布式测试的 AWS ECS。你可以在 `https://github.com/loads` 上关注这些工具的发展。

Mike Driscoll：如今的 Python 最让人振奋的是什么？

Ziadé：异步编程。语言中加入的 `async/await` 以及像 `aiohttp` 这样的项目真的将 Python 带回构建网络应用的工具竞争中。当然我们已经用 `Twisted` 做了十余年，但是现在它已经很出色地实现了并且是核心的一部分。用 Python 构建异步网络应用和用 `Node.js` 一样简单。

Driscoll：你希望将来发布的 Python 版本中有哪些改变？

Ziadé：我希望看到 `PyPy` 和 `CPython` 一样成为标准（可能我们需要另外一个备忘录，这样 `PyPy` 可以跟上），并且我的任何项目都可以用它来运行（包括 C 扩展）。更有趣的是我希望看到在我们的打包系统中 `setup.py` 不再存在。它是很多问题的根源。我尝试过提议将其取消，但是失败了（参阅 PEP 390），但是可能有一天它会实现的。

Driscoll：谢谢你，Tarek Ziadé。

12

Sebastian Raschka
（塞巴斯蒂安·拉斯切克）

Sebastian Raschka 于 2017 年在密歇根州立大学获得了定量生物学、生物化学与分子生物学博士学位。他的研究方向包括解决生物识别领域中的问题的新深度学习架构的开发。Sebastian 是畅销书《Python 机器学习》（*Python Machine Learning*）的作者，他在 2016 年获得 ACM 最佳计算奖。他对包括 scikit-learn 在内的许多开源项目都作出过贡献。Sebastian 实现的一些方法被用于 Kaggle 这样的现实机器学习应用。他热衷于帮助人们开发数据驱动的解决方案。

讨论主题：用于 AI/机器学习的 **Python, v2. 7/v3. x**。
Sebastian Raschka 的推特联系方式：**@rasbt**

Mike Driscoll：你能简要介绍一下你的背景信息吗？

Sebastian Raschka：当然可以！从我的名字可能就能看出来，我出生并成长于德国，我在德国生活了超过 20 年，之后我产生了去美国冒险和学习的冲动。

我在德国杜塞尔多夫的海因里希大学（Heinrich-Heine University）获得本科学位。我记得有一天我走到食堂，偶然发现一张关于密歇根州立大学（MSU）海外留学项目的传单。我非常感兴趣并且觉得这将是一段非常有意义的经历。因此在那之后不久，我在 MSU 进行了为期两年的学习并获得一个国际学士学位。

在那两个学期里，我在 MSU 结识了很多朋友，并且认为那里的科研环境可以为我成长为一名科学家提供一个非常好的机会，因此我申请了 MSU 的研究生院。应该说我人生的这一段的结局是美好的，因为我在 2017 年 12 月获得了我的博士学位。以上就是我的学术生涯。

> **Sebastian Raschka：“在我的研究生阶段，我深度参与了数据科学以及机器学习方面的开源项目。”**

在我的研究生阶段，我深度参与了数据科学以及机器学习方面的开源项目。此外，我非常热衷于写博客和写书。有些人可能看过我的 *Python Machine Learning* 一书，这本书在学术界和业界的反响都非常好。

通过我的书，我试图缩小纯实践（即编程）书籍和纯理论（即很多数学）书籍之间的差距。基于我收到的所有反馈来看，*Python Machine Learning* 对于很多读者来说都是一本非常实用的书。这本书被翻译成 7 种语言，并且目前被用作芝加哥洛约拉大学、牛津大学等高校的教材。

Driscoll：你有为开源项目作出过贡献吗？

Raschka：是的，我在写作之外，还为像 scikit-learn、TensorFlow 和 PyTorch 这样的开源项目作出贡献。我也在空余时间做我自己的开源项目，包括 mlxtend 和 BioPandas。

mlxtend 是一个 Python 库，它包含一些处理日常数据科学任务的非常有用的工具。它的目标是通过提供其他包中没有的工具来填补 Python 数据科学系统的空白。例如堆栈分类器和回归器以及序列特征选择算法，它们在 Kaggle 社区都非常流行。

另外，频繁模式挖掘算法，包括 Apriori 和用于推导关联规则的算法都非常方便。最近我还增加了很多无参函数来评估机器学习分类器，从自举法（bootstrapping）到 McNemar 检验。

> **Sebastian Raschka："为了保持最佳效率，我不希望为每一个小的业余项目都学习一个全新的 API。"**

BioPandas 项目源自更方便地处理来自不同文件格式的分子结构的需求。在我攻读博士学位期间，很多项目都需要与蛋白质结构或者小分子（类似于药物）结构打交道。当然也有很多工具可以用，但是每个工具都有自己的子语言。为了保持最佳效率，我不希望为每一个小的业余项目都学习一个全新的 API。

所以 BioPandas 背后的思路是将结构文件解析成大多数数据科学家都已经熟悉的一种库和格式——pandas 的 DataFrame 结构。当结构文件变成 DataFrame 格式之后，我们可以任意使用 pandas 所有的强大功能，包括其非常灵活的选择语法。

我最近开发的一个虚拟筛选工具 screenlamp 就非常依赖 BioPandas，将其作为核心引擎。通过与密歇根州立大学的实验生物学家的合作，我可以高效地筛选拥有超过 1 200 万个分子的数据库，并最终成功发现有效 G 蛋白偶联受体信号转导抑制剂（G protein-coupled receptor signaling inhibitors），它可以应用于水生入侵物种控制（aquatic invasive species control）。

> **Sebastian Raschka:"半对抗网络是我和密歇根州立大
> 学 iPRoBe 实验室的合作者开发的一个深度学习架构。"**

除了参与计算生物学领域的项目，我热衷参与的其他项目之一是半对抗网络（semi-adversarial networks）。半对抗网络是我和密歇根州立大学 iPRoBe 实验室的合作者开发的一个深度学习架构，我们已经将其成功地应用于在考虑隐私情况下的生物测定领域。

特别是，我们将此架构应用于扰乱人脸图像，使其看起来几乎与原始输入图像相同，而一些软生物属性如性别难以通过性别预测器获得。总体目标是阻止未经用户许可就基于一些软生物属性来提取用户面部图像信息这样龌龊的事情发生。

Driscoll：你为什么成为一名程序员呢？

Raschka：我想说最初让我成为一名程序员的主要驱动因素是实现我的"疯狂"科研想法。

在计算生物学领域我们已经有很多工具可以使用，并不需要自己编程。但是利用已有的工具（取决于科研任务）也是有局限性的。如果我们希望尝试一些新的东西，特别是如果我们希望开发新的方法，那么除了学习如何编程外别无他法。

像大多数人一样，我从在 Linux shell 中进行简单的 Bash 脚本编程开始。到了某一阶段，我觉得这还远远不够，或者说是不够高效。我在德国的本科学习期间参加了一门 Perl 的生物信息学课程。

我了解了利用 Perl 可能完成的一些事情，真是让我大开眼界。后来当我基于我采集的数据做数值分析和数据可视化的时候，我也尝试了 R 语言。不久后，我就接触了 Python。

Driscoll：为什么是 Python 呢？

Raschka：我前面提到我是从接触 Perl 和 R 开始的。但是有一个大多数程序员都会碰到的问题是，我们会经常在互联网上查找有用的忠告、一些小窍门或者技巧来完成特定的子任务。

> **Sebastian Raschka**："我发现了很多以 Python 编写的资源，因此我认为学习这门语言是非常有价值的。"

我想说的是，我发现了很多以 Python 编写的资源，因此我认为学习这门语言是非常有价值的。后来我完全抛弃了 Perl 并且用 Python 编写我所有的代码：用于数据收集、解析和分析的自定义脚本。

我还必须提到的是，我是用 R 语言做所有的数值分析和绘图工作。实际上不久之前，当我回顾一个旧项目时，我偶然发现了我的旧的先后用 Python 和 R 编写的弗兰肯斯坦冈格的（Frankenstein-esque）脚本（Bash 脚本和 makefiles）。

回到 2012 年，当科学计算栈正飞速发展的时候，我遇到了 NumPy、SciPy、matplotlib 和 scikit-learn。我意识到我所有用 R 语言编写的代码都可以用 Python 来做。我可以在项目中避免在不同语言间来回切换。

> **Sebastian Raschka**："我非常高兴成为 Python 社区的一份子并且与社区进行互动。"

现在回头去看，选择 Python 可能是我做的最明智的选择之一。如果没有 Python，我可能不能这样高产。而且在科研和工作之余，我也非常高兴成为 Python 社区的一份子并且与社区进行互动。当我通过 Twitter 与人们进行交流，或者在 PyData 和 SciPy 这样的大会上与大家见面，都是非常有趣的经历。

Driscoll：Python 现在是用于 AI 和机器学习的语言之一。你能解释一下是什么让 Python 这么受欢迎吗？

Raschka：我认为有两个非常相关的主要原因。第一个原因是 Python 非常易读和易学。

我认为大多数做机器学习和 AI 的人都是希望以最简便的方式集中注意力于他们的想法和创意。他们的关注点主要在研究和应用上，而编程只是帮助他们实现目标的工具。一门编程语言如果越容易学习，那么对于更偏向数学和统计的人来说，其进入门槛就越低。

> **Sebastian Raschka:"我认为大多数做机器学习和 AI 的人都是希望以最简便的方式集中注意力于他们的想法和创意。"**

Python 非常易读，这让人们可以紧跟机器学习和 AI 的最前沿发展，例如通读各种算法和想法的代码实现。在 AI 和机器学习领域尝试新的想法通常需要实现相对复杂的算法，而语言如果更简明，那么调试起来会更简单。

第二个主要原因是 Python 是非常易懂的语言，我们有很多很棒的库使我们的工作更容易。没有人喜欢将时间花在从头开始实现基本算法上（除了在学习机器学习和 AI 的情况下）。Python 的大量的库让我们更集中注意力于一些让人振奋的探索方面，而不是重复发明轮子。

> **Sebastian Raschka:"Python 的大量的库让我们更集中注意力于一些让人振奋的探索方面，而不是重复发明轮子。"**

另外 Python 也是非常优秀的包装器语言，它与算法更高效的 C/C++实现和 CUDA/cuDNN 结合起来使用，而这也是 Python 中现有的机器学习和深度学习库如此高效运行的原因。这也对机器学习和 AI

领域中的工作非常重要。

总之，我想说 Python 是一门伟大的语言，它让研究者和实践者更专注于机器学习和 AI 并相比其他语言而言减少了干扰。

Driscoll：是否有事情发展得不顺的时候，但是最终出人意料地按照既定的方向发展了？

Raschka：这是一个好问题。可能事实是 Python 在 Linux 社区间流行，但是它在 Windows 上也运行得很好。这也是如今 Python 变得如此流行的一个较大的贡献力量。

还有很相似的语言如 Ruby。Ruby on Rails 项目当时是（现在仍然是）非常流行的。如果 Django 这样的项目没有启动，Python 可能不会像现在这样全面流行，也不会有如此多的资源和开源贡献被倾注于 Python 开发。同样，Python 可能也不会成为机器学习和 AI 领域的流行语言。

> **Sebastian Raschka**："如果 Travis Oliphant 没有做 NumPy 项目……我认为不会有这么多科学家选择 Python 作为科学编程语言。"

如果 Travis Oliphant 没有做 NumPy 项目（在 1995 年时它还叫作 Numeric），我认为不会有这么多科学家在其职业生涯早早地选择 Python 作为科学编程语言。他们可能仍然都在使用 MATLAB。

Driscoll：那么你认为 Python 是在合适的时机成为合适的工具，或者还有其他原因使得 Python 对于 AI 和机器学习这么重要？

Raschka：我认为这可能有点像先有鸡还是先有蛋问题。

为了厘清这个问题，我想说 Python 使用起来很方便，这使得 Python 被广泛使用。Python 社区开发了很多有用的用于科学计算的包。很多机器学习和 AI 开发者会选择 Python 作为一门通用的用于科学计算的编程语言，此外他们还构建了很多库，如 Theano、MXNet、TensorFlow 和 PyTorch。

有趣的是，在我积极参与的机器学习和深度学习社区中经常听到有人这么说："Torch 库非常棒，但是遗憾的是它是用 Lua 编写的，而我不希望花时间学习另外一门语言。"现在我们有了 PyTorch 库。

> **Mike Driscoll："那你认为这为 Python 程序员打开了探索 AI 的大门吗？"**

Raschka：我确实是这么认为的！这取决于我们如何理解 AI，但是关于深度学习和增强学习，有很多具有 Python 包装器的方便包可以使用。

可能目前最流行的例子就是 TensorFlow。我在自己目前的研究项目中会同时使用 TensorFlow 和 PyTorch。我自 2015 年 TensorFlow 发布以来就一直使用 TensorFlow 并且总体上还是比较喜欢它的。但是当我尝试一些不常见的研究思路时，TensorFlow 总缺少一些灵活性，这就是为什么我最近更多地使用 PyTorch。PyTorch 本身更灵活并且其语法更接近 Python；实际上 PyTorch 将自己定义为"一个 Python 优先的深度学习框架"。

Driscoll：还能做些什么使 Python 成为一门更好的 AI 和机器学习语言？

Raschka：尽管 Python 是一门非常方便使用的语言，并且与 C/C++代码有非常好的接口，但我们需要记住 Python 并不是最高效的语言。

计算效率高是 C/C++仍然成为一些机器学习和 AI 开发者选择的编程语言的原因。此外，Python 还不支持大多数移动和嵌入式设备。

这里我们必须区分科研、开发和生产。

> **Sebastian Raschka："Python 的便捷是有代价的，那就是它的性能。"**

Python 的便捷是有代价的，那就是它的性能。另一方面，速度和运算效率伴随着生产率方面的权衡。实际上我认为当在一个团队中工作时，最好将任务拆分来做，例如让善于研究的人专门尝试新的想法，让善于做原型的人专门负责产出。

我主要是一名研究人员，并且我目前还没有遇到这个问题，但是我也听说过 Python 不利于生产。我认为这主要是由于现有的基础设施和工具都是由服务器支持的，因此这并不是 Python 本身的错误。

> **Sebastian Raschka："Python 不像其他语言如 Java 或 C++那样具有可扩展性。"**

大致来说，由于作为高级和通用编程语言的天性，Python 不像其他语言如 Java 或 C 那样具有可扩展性，但是像 Java 或 C 这样的语言往往使用起来很繁冗。例如当使用 TensorFlow 时，在 Python 运行时中花费太多时间将会是性能杀手。改善 Python 的总体效率（如果还想同时保留 Python 的便捷性，我认为这并不现实）将会对 AI 和机器学习大有帮助。

> **Sebastian Raschka："改善 Python 的总体效率……将会对 AI 和机器学习大有帮助。"**

尽管 Python 提供了对于快速原型来说很好的环境，但是有时候对类型的太过于容错和动态的机制使得你会更容易犯错误。我认为最近引入的类型提示可能在某种程度上可以改善这个问题。而且将类型提示设置为可选的是一个非常棒的想法，因为尽管它有益于大型代码库，但是对于小型编码项目来说可能会比较烦人。

Driscoll：你现在最喜欢 Python 的什么方面？

Raschka：我很高兴我可以用 Python 做任何我需要做的事情。我可以更高效地将我的时间花在研究和问题求解上，而不需要花费大量时间学习新的工具和编程语言。

> **Sebastian Raschka:**"我对 **Python** 的现状非常满意。我也对基础数据科学库如 **NumPy** 的后续发展感到非常振奋。"

当然，如果能偶尔俯瞰整个 Python 生态系统是非常好的，可以看看 Python 生态系统中都有什么，有什么包可能有用。总的来说，我对 Python 的现状非常满意。我非常高兴看到像 NumPy 这样的基础数据科学库还在持续的开发，并且 NumPy 获得了摩尔基金会（Moore Foundation）的一大笔资助用于进一步改进 NumPy。

另外，我最近听到了一个关于重新设计 Pandas 的大会演讲，Pandas 改进后会成为 Pandas 2，Pandas 2 将会让这个本已经非常高效的库变成一个更伟大的库，并且在更改的同时保持用户接口不改变。

不过，我最为兴奋的是围绕 Python 所形成的伟大的社区。我很高兴能够成为 Python 社区的一员，并且能经历 Python 关于工具和科学的不断向前发展。我可以分享知识，向其他人学习并且和志同道合的人分享我的快乐。

> **Sebastian Raschka:**"我很高兴能够成为 **Python** 社区的一员,并且能经历 **Python** 关于工具和科学的不断向前发展。"

Driscoll：您如何看待Python 2.7的长寿命？人们应该迁移到 Python 3 吗？

Raschka：这是一个很好的问题。就个人而言，我总是建议使用最新版本的 Python。但是，我也意识到这一点对每个人来说并不总是可行的。

如果你的项目需要基于或使用较旧的 Python 2.7 代码库，那么你因为资源而去切换 Python 版本也许是不可行的。Python 2.7 有较长的寿命，但是我们都知道在 2020 年后官方不会再维护 Python 2.7。那么可能的结局是一个子社区会接管 Python 2.7 的维护。

> **Sebastian Raschka**："那么可能的结局是一个子社区会接管 Python 2.7 的维护。"

我也想知道在 2020 年后继续花费精力和资源来做 Python 2.7 的维护，而不是花时间将 Python 2.7 的代码库全部迁移到 Python 3.x。Python 2.7 的长期维护仍然是悬而未决的事情。

就我个人而言，我总是在 Python 的最新版本发布后安装并使用 Python 3 做所有的编码工作。然而，我的大部分项目也支持 Python 2.7。因为仍然有很多无法迁移的人在使用 Python 2.7，而我并不想把他们排除在外。因此如果不会太麻烦或者不需要笨拙的变通方案，那么我会将我的代码写成同时兼容 Python 2.7 和 3.x 的。

> **Sebastian Raschka**："仍然有很多无法迁移的人在使用 Python 2.7，而我并不想把他们排除在外。"

Driscoll：你希望看到未来 Python 有哪些变化？

Raschka：抱歉，我的答案可能会很无聊，我对 Python 当前的功能都非常满意，我的愿望清单上并没有任何有意义的内容。

我和很多其他人有时会抱怨的一件事情是 Python 的全局解释器锁。但是就我的需求来说，这通常不是一个问题。举例来说，在做多线程或者多进程时我喜欢自己掌控。

我编写了一个小型多进程包装器（在 mputil 包中）来惰性评估 Python 生成器，当我使用来自 Python 多进程标准库的普通 *Pool* 类时，这会是一个涉及内存消耗的问题。另外还有一些很棒的库如 joblib，让多进程和多线程非常方便。

最重要的是，我用于繁重并行计算的大多数库（Dask, TensorFlow 和 PyTorch）都已经支持多进程了，并且它们更多地将 Python 作为我之前提到过的胶水语言，这样计算效率就不再是一个难题。

Driscoll：非常感谢你，Sebastian Raschka。

13

Wesley Chun
（韦斯利·丘）

 Wesley Chun 是一位美国软件工程师，他在过去 8 年工作于 Google。作为高级开发者倡导者（senior developer advocate），Wesley 鼓励开发者采用 Google 的工具和 API。他此前工作于 Yahoo!，也是 Yahoo! Mail 的初始工程师之一。Wesley 是 Python 软件基金会的会员并且运营 CyberWeb Consulting，该公司专营 Python 培训和技术课程。他是系列畅销书《Python 核心编程》（*Core Python Programming*）的作者，并且参与合著了 *Python Web Development with Django*。Wesley 还为 *Linux Journal*、CNET 和 InformIT 作贡献。

讨论主题：Yahoo! Mail，Python 书籍，v2. 7/v3. x。

Wesley Chun 的推特联系方式：@wescpy

Mike Driscoll：你是怎么成为一名程序员的？

Wesley Chun：我对能够编写代码解决问题着迷已有很长时间了。我最初产生兴趣可能是在我高中高年级的时候。

我的编程老师向我们展示了如何编写代码实现 Gauss-Jordan 消除，并且用一台计算机自动解决了方程式的计算。这展示了代码如何用于使繁琐工作自动化，而这些繁琐工作此前都是需要低效的人力去计算的。

当时我们只使用了 Commodore BASIC，能够实现那个算法并且看到其成功运行是驱动我成为职业开发者的原因之一。渴望让人们和流程更加高效开启了我作为软件工程师的数十年职业生涯。

> **Wesley Chun："渴望让人们和流程更加高效开启了我作为软件工程师的数十年职业生涯。"**

Driscoll：你是在什么情况下遇到 Python 编程语言的？

Chun：我并不是通过选择发现 Python 的。我有 C/C++编程和使用流行的脚本语言如 Tcl 和 Perl 的经验。然后我开始在一家初创公司工作，而该公司就是选择 Python 作为主要的开发语言。于是在 20 世纪 90 年代后期，我学习了 Python 并且帮助创建了最终成为 Yahoo! Mail 的产品。

Driscoll：Yahoo! Mail 是如何创建的？

Chun：1997 年我在一家叫作 Four11 的初创公司工作。正如其名，该公司发布的第一个产品是电话白页目录的第一个在线版本。

Four11 服务作为一个网络应用完全是用C++编写的，这种庞大的二进制代码创建起来非常繁冗并且难以维护。于是 CTO 和联合创始人开始寻找更敏捷的开发方法。

在调研了大量的脚本语言后，CTO 发现如果让所有的核心代码仍然采用 C++，Python 可以用作前端语言，也可以替换中间件（middleware）。

我们接下来的产品 RocketMail 就是采用修改后的技术栈进行开发的。我们在想好名称之前就创建了我们自己的网络框架。利用该网络框架，我们的核心团队可以启动一个成功的邮件服务，这也导致了 Yahoo! 收购我们的公司。RocketMail 变成了 Yahoo! Mail，剩下的就都是历史了。

Driscoll：那么你是怎么成为一名作者的？

Chun：成为一名作者是非常偶然的。在大学的一次暑期实习期间，我有一个任务是为客户编写用户指南。

我学会了如何用 Ventura Publisher 进行写作，而有了这个经历，此后我的编程和写作就开始相辅相成。

> **Wesley Chun:"当我在工作中大量使用 Python 的时候，市面上仅有两本关于 Python 的书。"**

当我在工作中大量使用 Python 的时候，市面上仅有两本关于 Python 的书。其中一本是大量的案例书籍，而另外一本是世界上第一本 Python 书，而当时它在一定程度上已经过时了。来自如 C 和 shell 脚本等语言的开发者们对 Python 书的需求让我完成了第一版 *Core Python Programming*。

Driscoll：你在编写 Python 书籍的过程中有什么收获吗？

Chun：如果我不是一名开发者，我可能会说我是通过写书学习 Python 的。任何时候你编写一本书，你都需要对题材做一些研究。

你应该不只是了解关于这个题材所必须了解的信息，而是应该了解更多的信息。为了对一门编程语言有彻底的了解，你必须对常用功能非常熟悉，也应该熟悉个别案例。

Driscoll：你的读者是如何被你的写作影响的？

Chun：有读者来找我并且让我知道我是他们学习 Python 的主要资源之一，这总让我不自觉地笑起来。

> **Wesley Chun**："有读者来找我并且让我知道我是他们学习 Python 的主要资源之一。"

只要有可能，我总是向我的读者索取直接反馈，这样我可以让我的书变得更好。读者们喜欢每个章节后的练习，这可以帮助他们巩固学习到的内容。他们也喜欢书中覆盖的广泛主题。

Driscoll：你能讲讲 CyberWeb Consulting 背后的理念吗？

Chun：当然，我的居家企业（home business）打算将我为 Python 社区做的所有自由工作进行巩固。CyberWeb Consulting 将杂志文章、我讲授的技术性 Python 训练课程和其他 Python 相关的咨询机会以我的方式整合起来。

Driscoll：你现在在做什么项目？

Chun：直到今天，我还在帮助人们发现平凡的和艰难的任务，这些任务曾经是由人完成的，而现在可以由机器自动完成。这将解放人类去拥有更高的追求。

> **Wesley Chun**："我还在帮助人们发现平凡的和艰难的任务，这些任务曾经是由人完成的，而现在可以由机器自动完成。"

我现在是 Google 公司的一名开发者倡导者。我向开发者展示如何将 Google 的技术整合进他们的（网络的或者移动的）应用中。我最开始是倡导 Google Cloud Platform 产品，后来转移到熟悉的 G Suit 生产力应用：Gmail、Google Drive、Calendar、Sheets 等等。

当人们熟悉这些知名的应用后，我专注于教授程序员们这些工具背后的开发者平台和 API。你通常可以在 G Suit Developers 博客或者 G Suit Developer Show(`http://goo.gl/JpBQ40`)上找到我。

我目前正在撰写第三版的 *Core Python Programming*，这是我的第一本书。熟悉 *Core Python Programming* 的读者知道这本书分为两卷。下卷的第三部分 *Core Python Applications Programming* 于 2012 年出版。现在我在编写上卷的第三版。最新的书名是 *Core Python Language Fundamentals*，它更好地表明了全书所包含的内容。

我还有一个 Python 博客，老实说我经常忽视它。对我来说幸运的是，我的工作为该博客提供了内容，因为我在 Google 开发者产品方面所做的工作提供了大量的 Python 代码。

Driscoll：目前 Python 的哪方面最让你激动？

Chun：不管你相不相信，我最激动的是今天人们都知道 Python。过去很多人甚至都没有听说过 Python。Python 是一个非常伟大的工具，我希望全世界总有一天能意识到这一点。我认为现在这基本上实现了。

> **Wesley Chun:**"**Python 是一个非常伟大的工具，我希望全世界总有一天能意识到这一点。我认为现在这基本上实现了。**"

我也非常激动我们终于到了要终结同时有 Python 2 和 Python 3 两个版本这一局面的时候了。Python 3 的采用越来越广泛并且大部分包都支持 Python 3。

Driscoll：那么你如何看待 Python 2 的长寿？

Chun：很快 Python 2 将会在后视镜中看到。那些对 Python 3. x 持怀疑态度的群体可能仍然存在，但终将慢慢消失。从 Python 2 到 Python 3 的迁移和从 Perl 5 到 Perl 6 的迁移是不一样的。

Python 2 的长寿是必要的，因为 Python 3 存在向后不兼容性。但是 Python 2.6 和 Python 2.7 是非常强大的迁移工具。它们是仅有的被反向移植了 Python 3. x 的功能的 Python 2. x 版本，可以帮助整体的迁移。

> **Wesley Chun**："我预言全世界从 Python 2 迁移到 Python 3 可能会花费近十年的时间，因为 Python 3 缺乏对 Python 2 的向后兼容性。"

关于 Python 2 的长寿我写过文章并做过演讲。在 2008 年当 Python 3.0 发布的时候，我预言全世界从 Python 2 迁移到 Python 3 可能会花费近十年的时间，因为 Python 3 缺乏对 Python 2 的向后兼容性。

基于我现在看到的发展趋势，我认为我应该让我的预测更精确一些。我原来的预测有些轻率和抽象，而在过去几年里它变得越来越具体和现实。不过 Python 3.6 是一个非常值得采用的版本！

> **Wesley Chun**："我认为我应该让我的预测更精确一些。"

Driscoll：如今 Python 被大量用于 AI 和机器学习。你怎么看待这种现象？

Chun：不管其应用领域是什么，Python 都是一门伟大的语言。Python 不需要其用户成为计算机科学家才有能力解决问题。Python 的语法对于希望有一个工具可以解决问题的人来说并不是障碍。

Python 也非常鼓励团队合作，因为它有易于理解的语法。

Driscoll：那么你认为 Python 如何成为一门更优秀的用于 AI 和机器学习的语言呢？

Chun：我认为现有 Python 库的持续开发和新库的创建将使 Python 在 AI 领域的应用更容易。这也将帮助所有人。

> **Wesley Chun:**"我认为现有 **Python** 库的持续开发和新库的创建将使 **Python** 在 **AI** 领域的应用更容易。"

Driscoll：你希望在未来的 Python 版本中看到哪些变化？

Chun：我希望看到更少的 Python 版本发布以及更少的新功能。我认为当前的版本（Python 3.6）已经非常完美了。

> **Wesley Chun:**"我希望看到更少的 **Python** 版本发布以及更少的新功能。"

当然，我们需要有缺陷和安全的修复。额外的性能提升当然也是受欢迎的，还需要解决全局解释器锁的问题。但是我希望看到的是版本发布时间表再延长一些。

最终我希望看到 Python 发展的终止，这样它才能被公认为类似 C 或者 C++ 这样的标准。如果未来需要进一步的改进，可以采取对标准进行修订的形式。被公认为一项标准将为 Python 带来正统性和更广泛的采用，特别是大公司的采用。

Driscoll：谢谢你，Wesley Chun。

～ 14 ～

Steven Lott
（史蒂文·洛特）

Steven Lott 是一位美国软件开发者和作者。他是银行控股公司 Capital One 的合伙人，并利用 Python 为新产品构建 API。此前他是 CTG 的解决方案架构师，该公司主要提供 IT 服务。在 2003 年，Steven 开始使用他在用 Python 解决问题方面的才能来写书。他撰写了 *Modern Python Cookbook*，*Python for Secrets Agents* 和 *Functional Python Programming*。Steven 为 Python 社区创建了教育内容并且写了一个技术博客。

讨论主题：**Python 的优点和缺点，Python 书籍，v3.6。**
Steven Lott 的推特联系方式：@s_lott

Mike Driscoll：为什么你会成为一名程序员？

Steven Lott：我从 20 世纪 70 年代开始编程，当时计算机还非常罕见。我的学校里有两台 Olivetti Programma 101 计算器和一台 IBM 1620 计算机。

在这些机器上能够做一些有用的事情，如模拟随机事件、画东西和设计新型游戏等。一个响应式自主设备就是终极玩具，甚至是在做数学家庭作业时。通过软件创建新的有用事物的想法是非常吸引人的，而且在计算机房里我的身边还有一群小伙伴。

Driscoll：你是怎么开始使用 Python 的？

Lott：在 20 世纪 90 年代后期，面向对象编程已经形成势头，我开始追踪流行的编程语言。

我有一台带有 Smalltalk-80 端口、THINK C++编译器和 JDK 1.1 的 Macintosh 机。我会定期搜索新兴的面向对象编程技术，最终我发现了 Python。

> **Steven Lott:"进入 Python 的门槛远比我学过的其他语言的要低。"**

进入 Python 的门槛远比我学过的其他语言的要低。在 Python 中构建软件只需要一个运行时，而不需要复杂的工具链。Python 正在用一个能够处理各种各样的用例的工具来取代 Perl、AWK、sed 和 grep。在 2000 年，我开始用 Python 创建有用且可行的应用。

Driscoll：你喜欢 Python 的哪些方面？

Lott：起初，我被 Python 的简洁优雅所吸引。Python 的标准库提供了一组令人惊讶的工具。随着我学习的深入，标准库之外的模块和包的巨大生态系统向我展示了 Python 能够实现的功能是如此之多。

我在工作中使用 Python，因为我可以快速地解决问题。Python 对于复杂的数据清理问题非常实用。在很多案例中，成功来自快速开始并尽早地发现问题的复杂性和细枝末节。Python 鼓励你快速失败并且重新开始。

> **Steven Lott："Python 鼓励你快速失败并且重新开始。"**

我对 NumPy 了解得越多，我就越认为 Python 是代码的一种通用容器。NumPy 库是基于 C（和 Fortran）的，而有一个 Python 包装器后使得这个库广泛可用且有用。

我并不清楚自己使用 Python 的根本原因，直到听了 PyCon 2016 大会上 Guido van Rossum 发表的主题演讲。Python 最大的优势来源于社区。Python 的开源特性创建了社区并鼓励社区共同努力构建很酷的新事物。

> **Steven Lott："Python 最大的优势来源于社区。"**

Python 还有很多其他优势，例如其作为一门编程语言的广泛应用。Python 被用于多种情境中：科学家们用它分析庞大的数据集并构建可扩展的网络服务。Python 还被家居破解者（home hacker）用来取乐，将他们的 Alexa、Nest 和基于 Arduino 的温度传感器整合起来。

Python 的另外一个优势有时也叫作"内置电池"（batteries included）。只需要一次下载，你就可以拥有所有你想要的工具。如果你想学这门语言，你可以从适用于你的电脑的发行版本开始。如果你想做数据科学，那么你可以从 Anaconda 发行版本开始，它捆绑了很多包。

Python 软件基金会努力尝试着尽可能地包罗万象。其理念是所有人都应该能够学习并分享他们的发现。Python 社区坚信不应该有任何人被排除在外。我们都使用 Python 来解决问题，因此我们都需要帮助。

Driscoll：Python 作为一门语言的不足之处有哪些？

Lott：我确实收到过一些 Python 的劣势清单。其中有一些非常荒谬，我还看到过一些毫无意义的观点。只有少数关于 Python 的抱怨是有意义的。

总的来说，我了解到大多数抱怨 Python 的问题是速度慢，而这种慢通常是由无效的算法和数据结构选择所导致的。

> **Steven Lott："Python 的核心运行时是非常快的。"**

Python 的核心运行时是非常快的。Fortran 和 C 语言相对来说更快是因为它们有优化编译器，可以生成在底层芯片上直接运行的代码。SciPy 和 NumPy 利用 Python 包装的二进制码很好地解决了这个问题。

另外一个问题是使用 Python 过程中的混淆问题。语言声明和数据结构间的正交性意味着列表、集合和字典有一些重叠的特性。Python 数据结构的非常复杂的实现使得作一个较坏的选择成为可能，也可能是通过非常低效的代码获得正确的答案。

最后，Python 的一个劣势是可能的继承问题。所有东西都是动态的，因此对于 Pylint 这样的工具，很难将看上去相似的方法名称的拼写错误和极糟的设计与有意义的方法重定义分辨开来。

`collections.abc` 模块有可以用于组织代码和提供重定义检查的装饰器。在 `typing` 模块中的类型定义允许 `mypy` 定位到潜在的问题。

Driscoll：你是怎么成为 Python 书籍的作者的？

Lott：在我的职业生涯中大多数角色或多或少都有些偶然，但是成为一名作者确实是我有意为之的决定。

在此情况下，我认为教授 Python 语言和相关的软件工程技巧是非常有价值的。我从 2002 年开始为写书收集笔记。到 2010 年我已经尝试自出版了好几本关于 Python 的书。

> **Steven Lott:"在过去的几年，我回答了上千个关于 Python 的问题并且在不知不觉间获得了很好的声誉。"**

当 Stack Overflow 兴起时，我是早期的参与者。该平台上有很多有趣的 Python 问题。这些问题展示了 Python 和软件工程领域还需要哪些方面的更多信息。在过去的几年，我回答了上千个关于 Python 的问题并且在不知不觉间获得了很好的声誉。

Driscoll：你在写作的过程中有什么收获吗？

Lott：我了解到创作有意义和有趣的示例是很困难的。一个示例需要有一个故事框架和一个需要解决方案的问题。

故事需要戏剧性和冲突，而在考虑数据结构和算法时这些东西通常不会自己浮现出来。我花费很多时间努力去构思示例，比我花在写作过程其他部分的时间还要多。我想出的很多问题都太大太复杂。

如果一段代码不能解决一个问题的话是很难描述的。

例如，旅行商问题有一个引人注目的故事框架，描述了图的遍历。有了这样一个故事为记住基本的问题以及看到问题如何被解决提供了一个框架。纯粹的代码不能帮助人们理解为什么语言构造是很重要的。代码的存在只是为了解决一个问题，因此描述问题是非常有必要的。

> **Steven Lott:"纯粹的代码不能帮助人们理解为什么语言构造是很重要的。代码的存在只是为了解决一个问题，因此描述问题是非常有必要的。"**

创作故事需要时间从远处审视问题，这对总结和抽象掉不必要的细节是非常必要的。发现正确的细节需要深入的理解。我知道当对代码的描述变得很长而且复杂（包含关系不大的主题）时我是失败的。

Driscoll：自出版与传统出版相比其优点和缺点分别是什么？

Lott：自出版和传统出版的不同之处在于编辑。Python 处理文档测试（通过 doctest 模块）的方式意味着内容的技术方面可被自动校验。我越来越擅长这方面了，但是在我发布的代码中仍有一些测试漏洞。

另外一个挑战是语法、惯例、清晰度、精确度、颜色、统一性、一致性和简明性。通过 Packt 出版社出版，在我的书到达读者手中很久之前会有一条流水线，流水线上是各编辑不断地提出问题并发现难以理解的地方。

自出版时，我做了我认为最好的事情。出版商熟练地管理成本、定价和收益流。我的工作就是知道 Python 和 Packt 出版社将会负责剩下的事务。

Driscoll：你有从你的读者那里学习到什么吗？如果有，是什么呢？

Lott：我的读者告诉我使用 Python 的 doctest 工具的重要性，我可以用这个工具检查书中正文部分的示例。读者从我的代码中发现了很多错误，而这些错误可能是我没有检查到的。

Driscoll：你最喜欢的与读者的互动是什么？

Lott：我在北弗吉尼亚的一家技术公司工作。一位同事很惊讶地发现我写过 *Mastering Object-Oriented Python*。他们是根据推荐和阅读概要购买了这本书，而不是因为看到了作者的名字。

Driscoll：你的哪本书最受欢迎？你认为人们为什么会更倾向于购买那本书呢？

Lott：我最成功的书是 *Python for Secret Agents*。好像趣味性是其受欢迎的原因之一。如果一本书中包含大量有趣的练习和问题，那么读者就能明白 Python 如何应用于他们希望解决的问题。如果一本书的内容太过狭窄，只关注于一个问题领域，或者太抽象，那么其实际应用很难被预见。

Driscoll：你知道 Python 有哪些让人激动的新趋势？

Lott：Python 3.6 很快并且还在变得更快。其基础算法开发者做了非常了不起的事情。

> **Steven Lott："Python 3.6 很快并且还在变得更快。其基础算法开发者做了非常了不起的事情。"**

dict 新的内部数据结构可以节约内存并且运行得更快。这种内部的再设计非常棒。升级后的语言几乎没有明显的变化，这带来了巨大的好处。

Python 另外一个让人兴奋的发展方向是与 mypy 项目的连接和类型提示。这使你拥有了一个方便的质量工具，它不涉及对该语言或者开发工具的重大改变。它可以帮助你编写更可靠的代码，而不需要引入额外的开销。如果 mypy 成为 Pylint 或者 Pyflakes 的一部分，那么将会更方便。

作为一名 Arduino 制作者，我经常用基于 Python 的工具采集用于后期分析的数据。我当前的项目用到了一个自定义的 GPS 追踪器，它用在船上来监测锚泊时船的位置，当船在漂移时会给出警告。还有很多物联网（Internet of things，IoT）项目的例子，其中 Python 是构建新的有用事物的整个工作中的重要一环。

Driscoll：现在 MicroPython 越来越流行，你觉得 Python 作为嵌入式编程的语言正越来越受欢迎吗？

Lott：是的，MicroPython 和 pyboard 是让人振奋的新的进展。Raspberry Pis 也能很好地运行 Python。

> **Steven Lott："MicroPython 和 pyboard 是让人振奋的新的进展。"**

处理器正在变得越来越快，越来越小，这也意味着更成熟的语言可以被使用。我曾经使用的第一台电脑有 20 K 的内存，它和一架坚式钢琴差不多大。我的第一台 Apple II Plus 有 64 K 的内存，它占据了我的整个桌面。一个 pyboard 有 1 M 的 ROM 和 192 K 的 RAM，而它只有两平方英寸大小。

Driscoll：谢谢你，Steven Lott。

15

Oliver Schoenborn
（奥利弗·施波恩）

Oliver Schoenborn 是一位加拿大软件开发者和独立软件开发者。他曾经担任过 CAE 公司的模拟顾问和加拿大国家研究委员会的可视化软件开发工作。Oliver 热衷于与商界和政界建立联系。他是 Pypubsub 的作者（托管在 https: // github.com/schollii/pypubsub ），这是一个 Python 软件包，为用户提供了一种简单的方法来解耦部分基于事件的应用程序。Oliver 定期更新 Pypubsub 并为 wxPython 邮件列表作出贡献。

讨论主题：Pypubsub，Python 用于 AI，Python 的未来。
Oliver Schoenborn 的推特联系方式：@ schollii2

Mike Driscoll：让我们从你的背景信息开始吧。你为什么决定成为一名程序员？

Oliver Schoenborn：嗯，学校里的一个伙伴在卖他的 Apple IIe。我之前从未做过编程，但我决定买他用过的电脑。那时我才 14 岁。

我记得我对 BASIC 和汇编语言非常感兴趣。有一个命令提示符，你能够以某种方式进入汇编级别来编写汇编代码。我阅读了许多计算机手册，它们讲述了如何编程。我试着写一些小程序，最终进入了 Pascal 世界。我真的很喜欢它。

在中学五年级，一位老师要求我们用一种名为 Logo 的语言做点什么。它基本上是图形命令，用于将笔向右移动，向左移动，画线等。我创建了一个模拟循环，这样我就可以模拟一架小飞机飞行并投下炸弹。这很简单，但很有趣，老师对这个项目的印象非常深刻！

这就是我进入编程领域的方式。这在某种程度上或多或少有一些偶然。那时，编程仍然只是一个爱好，因为我的目标是进入物理学领域。

Driscoll：那么你如何最终进入 Python 领域的呢？

Schoenborn：在工作中我们有一个项目需要在 Windows 上进行图形用户界面开发。

在过去的 10 年中，我主要在 UNIX 上使用 C++编程，开发命令行和 3D 图形应用程序，但这些都不是基于菜单的应用程序（除了用 Java AWT 编写的 GUI）。我真的很害怕使用 MFC，所以我开始研究 Windows 上可用来做这个工作的其他选择。最终我遇到了 Python（因为它是平台独立的）和 Tk。

> **Oliver Schoenborn**："Python 是完美的选择。看到 Python 后,我开始认识到它简单而干净的语法。"

Python 是完美的选择。看到 Python 后，我开始认识到它简单而干净的语法。我不知道是否是因为它符合我的思维方式。我还发现了 wxPython，看到它的 API 似乎相当可靠。我爱上了 Python 以及它所提供的使用 wxPython 快速创建界面的能力。

所以我进入 Python 领域是通过一个工作项目，这个项目的需求在 Python 中比在C++中更容易实现。

Driscoll：这也是你加入 wxPython 社区的方式吗？

Schoenborn：没错。作为该项目的成果，我用 wxPython 开发了我的第一个应用程序。它是一个分析座椅加热和空气调节的应用程序。当时，我正在使用这种软件对汽车座椅舒适度进行原型设计。

所以我使用了 wxPython，我认为它支持的发布-订阅模式是一个非常棒的想法。通过接管 wxPython 库的 Pubsub 组件，我更多地参与了 wxPython 开发。

> **Oliver Schoenborn:"通过接管 wxPython 库的 Pubsub 组件,我更多参与了 wxPython 开发。"**

Driscoll：Pubsub 是由其他人创建的吗？

Schoenborn：是的，Robb Shecter 创建了 Pubsub 的第一个版本。我需要绕开一些限制（主要是内存泄漏：订阅者在应用程序不再需要它们之后不会被释放），于是我提出了一些重要的补丁和单元测试。Robb 正在寻找接管 `wx.lib.pubsub` 的人。所以我就接管了。

Driscoll：这也是 Pubsub 从 wxPython 单独分离出来的时间吗？

Schoenborn：我认为应该是在几年之后。Pubsub 几乎是一个独立的子包，而大多数其他 wx.lib 子包需要其他 wxPython 组件。我想让

wx. lib. pubsub 可供更广泛的开发者使用，对此 wxPython 开发者小组的其他人也是同意的。

> **Oliver Schoenborn："Pubsub 几乎是一个独立的子包。"**

Driscoll：你们当时是否知道 PyDispatcher 项目?

Schoenborn：嗯，在那些年的某个时刻我确实知道了 PyDispatcher。它采用的是一种完全不同的方法。

我记得当时它不是基于主题的。Pubsub 与它完全不同，因此被认为是一个单独的包。我已经有一段时间没有关注它了，但实际上看看 PyDispatcher 现在的进展是很有趣的。

现在有几个项目使用主题、消息传递和发布/订阅（例如 MQTT 和 Google pub/sub）的基本思想，但在网络中是应用程序间级别的，而 Pypubsub 则是应用程序的组件间级别的。它们的进化远远超过了 Pubsub 必须进化的程度，Pypubsub 很成熟且产出质量高。

Driscoll：我注意到当你在 "PyDev of the Week" 系列中接受我的采访时，你已经转向使用 PyQt 了。这是怎么发生的?

Schoenborn：那是在 2013 年。我们有个项目涉及将客户拥有的旧原型进行翻新。该应用包含可由原型运行的用户定义脚本，而这些脚本都是用 Python 编写的。因此我们必须嵌入一个 Python 解释器或将巨大的 Python 脚本翻译成另一种语言，同时保证相同的输出（这项任务不在项目预算的范围之内）。

> **Oliver Schoenborn："我们必须嵌入一个 Python 解释器或将巨大的 Python 脚本翻译成另一种语言。"**

图形界面非常复杂。当时，原型具有 3D 组件，用户可以在 3D 环境中旋转模型组件。我们需要将图形用户界面与菜单和列表视图集成为一个复杂的 2D 和 3D 画布，用户可以在其中与事物进行交互。

我们想要一些稳定、强大且文档完备的东西，而且背后还需要有一个活跃的社区。当时，WPF、wxPython 和 PyQt（或 Qt，用于 C++架构）是我们的主要候选者。在 C♯端有 WPF。我们研究了许多不同的方法，最后是在 wxPython 和 PyQt 之间作选择。

PyQt 似乎比 wxPython 更强大地集成了 3D 环境。PyQt 也似乎在朝着支持 3D 场景图的方向迅速发展，而在 wxPython 中我不得不使用 OpenGL，这可能会更复杂。

Python 3 是必需的，但我认为当 Robin Dunn 决定创建 wxPython 3 时，支持 Python 3 的工作仍然很早。基本上，wxPython 只支持 Python 2.7，而 Qt Designer 的可用性也是一个影响因素。PyQt 有一个非常复杂的界面用于创建设计。

Oliver Schoenborn:"PyQt 显然有动力。"

PyQt 和 WPF 都支持 XML 驱动的用户界面描述。

PyQt 显然有动力，它支持包的商业用途，这对该项目很重要。我有一些使用 WPF 的糟糕经历，努力尝试使用黑魔法将属性绑定到小部件。此外，有迹象表明 IronPython 现在没有得到维护。基于以上考虑，我们选择了 PyQt。我们并没有后悔作出这个选择。

Driscoll：回到 Pypubsub 的部分，我忘了问你，你在运行那个你想谈的开源项目时遇到了什么挑战了吗?

Schoenborn：嗯，也不是一个真正的技术挑战，但从开源开发的角度来看，我确实有一个有趣的体验。它提醒了我，你并没有真正控制你在开源世界中能够占据的空间。

> **Oliver Schoenborn:"你并没有真正控制你在开源世界中能够占据的空间。"**

在 SourceForge 上 Pypubsub 被命名为 "pubsub"，因为这是它在 wxPython 中的名称。在 PyPI 上我把它命名为 "pypubsub"。几年后，我发现 SourceForge 上有另一个名为 "Pypubsub" 的项目，但它也并没有怎么样。基本上，它是一个停止的项目，有时它会导致 Stack Overflow 和两个 pypubsub 论坛上的一些混淆。

这需要花点力气才能理顺。我不得不联系作者并解释发生了什么。最终，他同意了，我能够在 SourceForge 上获得 "pypubsub" 这个名称的所有权。

与此同时，GitHub 变得非常受欢迎。有些人将我的 Pypubsub 源代码复制到 GitHub 中，只是为了方便使用。没错，但由于这些分叉（fork）没有添加任何功能，于是我决定将 Pypubsub 移动到 GitHub，我得让一些开发者知道 Pypubsub 在 Github 上终于可以用了。我解释说可能不再有充分的理由保留单独的副本了。这是开源的一个有趣方面。

Driscoll：这个项目有多少版本（commitment）？

Schoenborn：在过去 15 年里的不同时期，我对实现进行了重大更改并扩展了 API：修复错误，更新文档，并确保在新版本 Python 发布时所有测试都能正常工作。找到时间做这些事情往往是一个挑战。我想，这是志愿做开源项目的另一个有趣的方面。

在保持向后兼容性的同时演进 API 主要是 wxPython 作者 Robin 的请求，而且即使 Pypubsub 在技术上与 wxPython 分离，这对我也很重要。实现这一目标是一个重大的技术挑战。这产生了 Pubsub 支持三种 API 或消息传递协议的概念。

Oliver Schoenborn:"这是一个重大的技术挑战。"

首先，存在与 Pubsub 的第一个版本的向后兼容性问题。这就是我所说的版本 1 消息传递协议。然后还有那种"现代的"Pubsub，它在 API 上有了显著改进并且有两个 API。

一个叫作 arg1，因为所有消息数据都在一个大句柄（blob）中，作为 sendMessage () 函数的一个参数给出。另一个叫作 kwargs，因为消息数据是通过 sendMessage () 函数中的关键字参数发送的。这是你独立安装 Pypubsub 时的默认设置。

正常安装 wxPython 时将会安装 arg1 API，因为它几乎与版本 1 API 100％兼容。在导入 Pypubsub 之前，可以在应用程序代码中设定设置标志以选择 kwargs 协议。

搞定所有这些工作是一个令人头疼的问题。我不得不稍微劫持导入系统，基本上是为了允许用户说："在这个应用程序中我想要 arg1 协议，而在那个 wxPython 应用程序中我想要 kwargs 协议……"

我还添加了一些代码来帮助将 wxPython 应用程序从版本 1 转换为 arg1 协议，再转换为 kwargs 协议。这也很困难。

我真的希望我不需要做所有这些事情，但我觉得当时如果不做的话会是一种罪恶。除了代码复杂性之外，它使得 Pypubsub 使用的导入系统相当复杂，这可能会干扰冻结功能（freezing）。

Driscoll：你为什么专注于实现这种转换？

Schoenborn：因为我必须在一个自己项目的应用程序中接受这个挑战。它使用 arg1 协议并将其迁移到新的 kwargs 协议。虽然并不复杂，但这有点繁冗且容易出错。由于 kwargs API 的优势，添加这些错误检查程序并进行转换是值得的。

我有一个观点，你可以在导入 Pypubsub 时设置参数。这可以配置 Pypubsub 去执行一些"中间"任务，这在两个消息传递协议之间的转换期间非常有用。这种连接将让你逐渐走向完全的 kwargs，并使用一些有用的功能。

> **Oliver Schoenborn:"代码肯定比我想要的更复杂。"**

获得稳定的 API 需要花费很多精力。令人沮丧的是代码肯定比我想要的更复杂，因此更难通过 Pypubsub 来维护和跟踪调用。此外，它还为想要冻结（freeze）其应用程序的人带来了一些挑战。

在适当的时候我建议我们弃用所有旧的东西，因为它只对使用旧 API 的 wxPython 应用程序有用。Robin 同意了。在 2016 年，我放弃了对版本 1 和 arg1 协议的所有支持，允许进行大规模清理并简化代码库。所以现在只有一个 API。这是 Pypubsub 的第 4 版。

Driscoll：你能告诉我你最近参与过的其他一些 Python 项目吗？

Schoenborn：当然，有一个是非常酷的闭源项目，在技术上非常具有挑战性，它的 GUI 非常复杂。实际上，我在近年来谈论与 PyQt 合作的原因时间接地提到了它。

该应用程序显示了一个画布，你可以在其中放置框（box）并以不同方式将它们连接在一起。与 Visio 之类的工具的不同之处在于，用户可以对这些框进行编程，以便像动画一样及时更改以表示进程。

用户通过定义 Python 脚本来完成此操作。该应用程序为每个用户脚本添加一个实时 Python 命名空间，这样用户可以动态查询底层模型（例如在模型中动态更改的属性的代码补全）。

> **Oliver Schoenborn:"应用程序为每个用户脚本添加了一个实时 Python 命名空间，这样用户可以动态查询底层模型。"**

因此，该应用有一个非常复杂的界面，用于创建模型组件，添加它们并链接它们。还有一个非常精细的撤销功能，涵盖了模型编辑的所有不同方面。

> **Oliver Schoenborn:"和所有其他项目一样,10%的功能占用了 90%的开发时间。"**

我们将视图与撤销/重做相结合，以便用户可以随时在浏览文档时查看将要撤销或重做的内容。这是一个有趣的挑战，和所有其他项目一样，10%的功能占用了 90%的开发时间。

该应用程序是一个模拟系统，因此它不仅仅是创建线条或框，还有一些界面组件来管理仿真，即及时更改模型，将其恢复到初始状态，查看更改队列等。

因此该应用程序中包含一组非常强大的功能。不过 PyQt 在这方面已经做得非常棒了。

Driscoll：你能解释一下如何在这个项目中使用 Qt 吗？

Schoenborn：好的，在允许我们做的事情方面 Qt 的图形视图确实令人印象深刻。

我记得在开始时，如何在 Qt 中做某些事情并不总是显而易见的。例如，在基于画布的应用程序中你可以执行许多不同的操作，此时有一个状态机来管理在任何给定时刻可以执行的操作就非常有用。没有文档可以解释这一点，因为这是你多年来学习到的一个有用技术。请注意，Qt 内置了对状态机的支持，但它不足以满足我们的需求。

状态机允许你定义只能执行某些操作的状态。因此，在"创建线条"状态中，你唯一能做的就是取消创建、拖动鼠标或选择行目标。这就是状态机起作用的地方。如果没有它，你的代码最终会成为一个无法维护的无头绪代码（spaghetti code）。使用新操作进行故障排除和扩展要简单得多。

虽然 Qt 文档非常出色，但是有些事情你可以自己琢磨出来。有时候你会说："哦，是的，我终于明白了怎么做。我将稍微回溯一点并解决问题。"你最终会得到一个更强大的实现，可以真正支持更高级别的功能。

> **Oliver Schoenborn:"你最终会得到一个更强大的实现，可以真正支持更高级别的功能。"**

我开始熟悉 Qt 拥有的所有小部件。当我们升级 PyQt 时，我们发现了一个令人讨厌的错误，它会导致整个界面在你拖动部件时显示各种线条。毋庸置疑，这是一个问题，但我们确实需要更新 PyQt 以获取其他功能。

我们将问题追溯到C++层并且因为一些令人难以置信的运气，有了一个解决方法：我们只需要在 Python 层的应用程序中放入一行代码。我们甚至不需要更改 PyQt 源代码。只要我们有那一行代码，那个错误就会消失。我提交到了 https://bugreports.qt.io/browse/QTBUG-55918。

使用 Qt 的另一个非常有趣的方面是单元测试。我们需要为应用程序的 GUI 端进行单元测试。我们使用了优秀的 pytest，并为核心业务逻辑和 GUI 组件各提供了一个测试套件。对 GUI 进行单元测试非常具有挑战性：你必须编写用户操作脚本。

幸运的是，这在 Qt 上实现起来相对容易，因为你可以通过调用一个方法轻松触发任何小部件事件。但 Qt 是基于事件的，我们需要一种方法来定义一堆用户操作以及预期的结果。所以我创建了一个库来支持上述操作。不幸的是，源现在是关闭的，所以我无法共享代码，但我在 PyQt 论坛上提到了这个想法并且有些人实现了他们自己对于这个想法的理解。

Driscoll：Python 是人工智能和机器学习热潮中使用的主要语言之一。你认为这背后的原因是什么？

Schoenborn：我会说是 Python 的"奥林匹克"特性，它使 Python 有利于人工智能和机器学习。Python 恰好在许多必要元素中非常强大，而不仅仅只是一两个元素。

> **Oliver Schoenborn:"是 Python 的'奥林匹克'特性,它使 Python 有利于人工智能和机器学习。"**

例如，Python 可以用于面向功能、面向过程或面向对象的编程以及用于上述的任意组合，并且代码仍然是可理解的和清晰的。此外，无需编译使得对算法和数据的探索变得如此简单：你只需修改代码并重新运行脚本即可。

最后，Python 使用简单的语法提供强大的抽象能力。也许我有偏见，但我认为 Python 在这方面处于领先地位。我非常喜欢明确而干净的代码以及重构和测试。Python 在所有这些方面都很强大，这使得它成为用于人工智能的完美语言。

Mike Driscoll：如何让 Python 成为用于人工智能和机器学习的更好语言？

Schoenborn：当提供的抽象与问题域的抽象相匹配时，语言在给定的问题域中最有用。

因此，如果深度学习使用神经网络，那么拥有神经网络的通用概念可能真的很有用。这目前由 TensorFlow 等库提供。但也许随着机器学习算法的改进，神经网络的通用抽象将出现，可能会成为像列表和映射这样的基本数据结构。

另外，我认为我们需要有询问 AI/机器学习功能的能力，"你是如何得到这个结果的?"这就是人类验证结论的方式。他们知道他们使用的逻辑，他们可以用语言表达，而另一个人可以遵循它并验证它的正确性。

Driscoll：与我交谈过的很多人，甚至是 PyCon 上的那些人，都非常重视 Python 在数据科学领域的发展。你目前在这个领域做了些什么吗，或者能给我提供任何意见吗?

Schoenborn：是的，Python 在这个领域真的在快速增长。在我看来，像 Jupyter、Anaconda 和 scikit-learn 这样的工具是造就目前这种盛况的主要原因。

可能凭借强大的计算能力，语言的速度不再那么重要。Python 可以在嵌入式系统中使用，因此原则上一些基于训练的机器学习模型的预测分析可以在嵌入式设备上进行。

> **Oliver Schoenborn:**"凭借强大的计算能力,语言的速度不再那么重要。"

在 2017 年的 PyCon 上有一个非常有趣的演讲。演讲人正在调研绘图库的情况。该调研从 matplotlib 及其周边的一切开始，然后转移到一些 JavaScript 库，在某些情况下它们都与 Python 库相关。所以这真的很吸引人，因为即使对我自己的客户来说，使用 pandas、NumPy 和 matplotlib 也很受关注。这意味着有许多你可以添加的不同扩展或层。

从客户的角度讲，你需要一定的性能并且你不希望仅限于 matplotlib，因为有那么多可用的库。你也知道你不想重新发明轮子，因此你必须确保你构建的东西足够通用。如果你想进行，那么你可能希望使用 Jupyter 或 R 来进行。你总是试图了解提供这些性能的应用程序。

你不希望强制用户使用 matplotlib，因为它非常多样化且 API 非常高级，而你无法提供支持 matplotlib 可以执行的所有操作的 GUI 组件。

Python 是一种如此富有表现力的语言且非常容易学习。我认为这就是 Python 现在在科研和应用研究领域中应用得如此广泛的原因。它易于应用、成熟并能够解决技术问题。

> **Oliver Schoenborn：“Python 是一种如此富有表现力的语言且非常容易学习。我认为这就是 Python 现在在科研和应用研究领域中应用得如此广泛的原因。”**

Python 为你提供了所有工具来制作并提供一些强健且确定的东西。我们可以衡量性能，发现瓶颈或内存泄漏。有如此多的东西让 Python 成为一个很棒的工具。

Driscoll：有没有一些令你记忆深刻的 PyCon 演讲？

Schoenborn：在 PyCon 2017 上有一个关于全局解释器锁（GIL）的有趣演讲。从理论上讲，摆脱 GIL 会非常棒：我们可以在不同的核心上运行 Python 线程。

> **Oliver Schoenborn：“从理论上讲，摆脱 GIL 会非常棒。”**

但是 GIL 解决了一个非常实际的问题：同步访问 Python 数据结构。你可以通过分析必要的内容以及增益与成本的关系来开始深入研究 GIL。你会意识到 GIL 真的简化了很多东西，它很可能是用 Python 做复杂的事情很容易的一个原因。

基本上你可以获得并发编程，而不需要多线程编程。通常在一大类问题中，这就是你想要的。在另一类问题中，你希望解决一般的并行问题。它基本上就是你将解决方案细分为任务的地方。任务之间的耦合很少，你可以很容易地完成。

蒙特卡洛就是一个例子，因为它在仿真和业务流程中非常重要。基本上你想要多次运行大量的东西，而它们之间的差异非常小。Python 让这件事情变得简单。

对于简单的可并行化问题，你需要运行那些。你可以在单独的核心上运行它们，只需使用多进程（multiprocessing）模块即可。是的，甚至还有这种能力！那么多原则上复杂且不同的东西在 Python 中却很简单，这使得它非常适用于数字运算任务。

> **Oliver Schoenborn:"那么多原则上复杂且不同的东西在 Python 中却很简单。"**

但我确实认为应该有一种更简单的方法来在多个核心上运行 Python 代码而无需使用模块。应该有与 GIL 携手合作的语言结构。并没有技术上的不可行性，只是必须有足够的协同努力来实现它。

Driscoll：你对现在的 Python 最感兴趣的是什么？

Schoenborn：可选的类型注释系统、异步调用和多进程模块。

Driscoll：你认为哪种语言是 Python 最大的竞争对手？

Schoenborn：JavaScript。令人遗憾的是，JavaScript 在网络方面占据了主导地位。有这两个主要的竞争者：网络上的 JavaScript 和技术计算中的 Python。如果你真的需要原始计算速度，那么你可以使用C++。

通过编写一些C++代码并经由 SWIG 和 SIP 在 Python 中提取它，你可以在 Python 中获得加速。还有 Cython。它是用 Python 实现的高级抽象，非常易于使用，并且具有C++的计算性能。

我不知道事情会朝哪个方向发展。我认为在 JavaScript 方面必须做很多事情才能使它像 Python 一样强大且易于使用，但另一方面，我不认为 Python 会在 Web 浏览器中成为受支持的语言，因为 JavaScript 太成熟了。如果 Google 决定让 Python 代码可以从 Chrome 运行也许可以改变现状。

> **Oliver Schoenborn："在 JavaScript 方面必须做很多事情才能使它像 Python 一样强大且易于使用。"**

Driscoll：那么 Python 仍然会存在吗？

Schoenborn：我认为 Python 会仍然存在。Python 是一种非常好的语言，它的社区通过 PEP 开发了高质量和可靠的库以及语言演化过程。Python 有一个非常严格的流程，很多聪明的人都在为此努力。所以它肯定会存在的。

Driscoll：你如何看待 Python 2.7 的长寿？人们应该迁移到最新版本吗？

Schoenborn：Python 2.7 的长寿是最令人恼火的！像 Ubuntu 和 Google Cloud Platform 这样的有重大影响者必须开始将 Python 3.6 作为其默认设置。

> **Oliver Schoenborn："Python 2.7 的长寿是最令人恼火的！"**

Driscoll：你希望在未来的 Python 版本中看到哪些变化？

Schoenborn：我希望看到一个带有类型推断的可选静态类型系统（因此类型不需要声明）、真正的并行和一个可选编译模式。

可选静态类型、编译和类型推断的组合将使语言在开始时保持简单并在需要时变得更加严格。

它还可以在速度和生产率方面带来巨大的提升：能够指向任何对象并确切地知道哪些操作可用或者需要它（在函数签名中）总是节省时间的。实际上，我不知道冻结类型的编译模式（甚至是 JIT）是否可行，但是有一些非常聪明的人在开发，所以我不打算忽略它。

关于并行性，我指的是在保持 GIL 的同时在多个核心上同时运行 Python 代码的能力。当然 Python 语言中有一个多进程模块，但我希望将多进程模块提升为 Python 语言中的一等公民。

Driscoll：谢谢你，Oliver Schoenborn。

16

Al Sweigart
（阿尔·斯维加特）

Al Sweigart 是一位美国软件开发者，也是两个跨平台 Python 模块的创建者，这两个模块分别是用于复制和粘贴文本的 Pyperclip，以及用于控制鼠标和键盘的 PyAutoGUI。他是一位成功的作家，已经出版了 4 本关于 Python 编程的书和一本关于 Scratch（一种适用于儿童的编程语言）的书。Al 的书教初学者如何编程，他热衷于帮助青少年和成年人开发编程技能。Al 专注于使编程知识更易获取并定期在 Python 大会上发表演讲。

讨论主题：Python 书籍，Python 包，v2.7/v3.x。

Al Sweigart 的推特联系方式：@AlSweigart

Mike Driscoll：你是怎么成为一名程序员的？

Al Sweigart：我是一个喜欢 8 位任天堂游戏的孩子。然后我的一个朋友在小学图书馆里找到了一本关于用 BASIC 编写游戏的书。我被迷住了。

我有点讨厌告诉别人我是如何进入编程世界的，因为我是那些在孩童时期就开始编程的人之一。我担心讲述我的故事会让人们认为："哦，不，我没有从三周大就开始编程，所以对我来说学习编程已经太晚了。我永远也赶不上了！"

> **Al Sweigart："编程变得比 20 年前容易得多。"**

要说有什么区别的话，编程变得比 20 年前容易得多。那时我们没有维基百科和 Stack Overflow。我认为我从三年级到高中毕业期间学到的一切，现在任何人都可以用十几个周末学习完。

我的大部分编程知识都来自那本书。我试着弄清楚我家的 Compaq 386 计算机附带的参考手册。我当时根本无法理解这本手册。最终我没有做出像我玩过的任天堂游戏那样令人印象深刻的东西。

Driscoll：那么你是如何最终转入 Python 阵营的呢？

Sweigart：我在 2004 年左右首次使用 Python。当我的朋友跟我提到 Python 时，我正在制作一些网络应用程序，当时我主要用 PHP 和 Perl 编程。

那时，我想学习尽可能多的不同编程语言，而 Python 非常好。我喜欢这种语言的可读性。我过去用 Perl 做的一切，现在开始用 Python 来做。我从来没有找到过一种我这么喜欢的编程语言，所以我坚持使用 Python，现在已经有十多年了。

我有时觉得我需要强迫自己学习不同的编程语言，只是为了掌握最前沿的东西。但 Python 已成为我的首选语言。每当我必须编写一个快速脚本或自动完成一些非常紧急的任务时，使用 Python 很简便。

再次声明，预测未来是很困难的，我已经不做尝试了。例如，我真的认为总会有什么东西来取代 JavaScript，但如果有的话，它会变得更受欢迎！我原本认为在手机中加入相机是一个愚蠢的想法。所以我学会了不要试图预测未来。

> **Al Sweigart："预测未来是很困难的，我已经不做尝试了。"**

Driscoll：Python 在人工智能和机器学习热潮中扮演着重要角色，你对此如何解释？

Sweigart：嗯，不要太对 Python 阿谀奉承，但是 Python 对于 AI 来说非常棒是由于那些使它成为受欢迎的大众语言的特质。

> **Al Sweigart："Python 对于 AI 来说非常棒是由于那些**
> **使它成为受欢迎的大众语言的特质。"**

Python 易于学习且易于使用。事实证明，对于大多数应用来说这都是很重要的。当谈到编程语言时，"强大的"是一个毫无意义的术语，因为每种语言都将自己描述为"强大的"。

从理论上讲，没有一种语言可以做到另一种语言所不能做到的事情。但在实践中，你需要一个程序员花时间坐下来编写实际代码。一种易于操作的语言会被更多地采用并且拥有更大的社区和更多的库。因此，Python 在机器学习领域处于领先地位并不令我感到惊讶，在机器学习领域最近开发了许多 Python 工具。

Driscoll：是什么让你决定开始写关于 Python 语言的书？

Sweigart：2008 年，我的女朋友是一个 10 岁小孩的保姆。他想学习如何编程，但他真的不知道从哪里开始。我试图在网上为他找到一些可用的东西，但当时的大部分内容都是针对专业软件开发者的。

所以我开始编写一个教程，它最终成为 *Invent Your Own Computer Games with Python* 一书。我不想用编程概念和技术术语来淹没读者。我只想列出游戏的源代码，然后解释代码是如何工作的。我不断添加更多游戏并最终膨胀到一本书的厚度。我自出版了这本书，但也根据 Creative Commons 许可把它放在了网上。人们似乎喜欢它，所以我继续撰写 *Making Games with Python and Pygame*。

在 *Invent Your Own Computer Games with Python* 中有一个小密码程序。我认为把一堆这样的经典密码放在一起会成为一本好书。我不仅解释了如何编写代码来执行加密，还解释了如何破解密码。这些密码来自古罗马时代到 16 世纪，所以今天的普通笔记本电脑具有足够的计算能力来破解它们。那本书就是 *Cracking Codes with Python*。

在我写完第三本书之后，写作变成了我在我所有的业余时间里做的事情。后来有一个机会让我离开我的软件开发者工作岗位并全职写作。最终一切都非常顺利。

> **Al Sweigart:**"我在正确的时间提出了关于一本书的正确的想法,也用到了正确的语言。"

在经过了一年左右的全职写作之后我认为我会回到另一个开发者工作中，但《Python 编程快速上手——让繁琐工作自动化》(*Automate the Boring Stuff with Python*) 这本书的写作让我完全失败了。这主要是机缘巧合。我在正确的时间提出了关于一本书的正确的想法，也用到了正确的语言。所以很多事情叠加在了一起。

Driscoll：你为什么决定采用自出版？

Sweigart：No Starch 出版社与我接洽过有关出版 *Invent Your Own Computer Games with Python* 一事，但该计划失败了。

我手上已经有了这个半编辑的手稿，所以我完成了编辑并将其转换为 PDF 文件以放在亚马逊上。我做的所有推广都是在线的。我会在论坛上告诉别人关于这本书的情况。人们并不认为它是垃圾邮件，因为 PDF 文件也是完全免费下载的。

Driscoll：你认为 *Invent Your Own Computer Games with Python* 的成功是因为将该书做成 PDF 版本或网页版本吗？

Sweigart：我仍然认为通过 Creative Commons 许可证将这本书免费在网上发布会令更多人购买这本书。人们可以看到这本书并产生了很好的口碑。还有其他好处。由于这本书在线发布，我可以看看流量，看看哪些章节最受关注。

> **Al Sweigart**："最受欢迎的章节……是关于 GUI 自动化，网页抓取和正则表达式的。因此，当 PyCon 召集演讲提案时，这些就是我选择的主题。"

Automate the Boring Stuff with Python 一书的网站上最受欢迎的章节是关于 GUI 自动化、网页抓取和正则表达式的。因此，当 PyCon 在征集演讲提案时，这些就是我选择的主题。我就是这样开始在 2017 年的区域 PyCon 和美国 PyCon 上演讲这些主题的。

我注意到我的书中最受欢迎的主题并不总是我觉得最有趣的东西。我记得当我编写 *Automate the Boring Stuff with Python* 时，我原以为关于图像处理的章节会很流行。但事实证明，大多数人不需要像我一样从 Python 脚本生成他们自己的图像文件。

> **Al Sweigart**："我注意到我的书中最受欢迎的主题并不总是我觉得最有趣的东西。"

Driscoll：你作为作者学到了什么？

Sweigart：比你想象的还要多！很多人给我发电子邮件说："嘿，

我有兴趣写一本关于编程的书。你有什么建议吗?"

我不知道该告诉他们什么。我是一名经过训练的软件开发者。我知道我做了什么并且我的方法对我是有用的。但这就像一个彩票中奖者建议你选择哪些数字一样。*Automate the Boring Stuff with Python* 比我的其他书好得多。我不确定我有为其他人重现这种结果的能力。

我最近的一本书是 *Scratch Programming Playground*,它使用麻省理工学院媒体实验室的 Scratch 编程工具向孩子们传授编程概念。这本书写得还不错,但不幸的是,Scratch 的受众并不像 Python 的受众那么多。

我深知写作是你必须去做才能做得更好的事情。实际的行动比我能给出的任何建议都要好。此外,我认识到优秀的编辑是无比珍贵的财富。

Driscoll:那么如果你可以重新编写你的一本写得不那么好的书,你会做些什么改变?

Sweigart:我的意思是,如果我们谈论我的第一本书,那么我最大的失误就是没为 Python 3 编写它。最初,我只是使用 Python 2,因为这就是我所知道的。

直到有人说"嘿,你为什么不使用 Python 3?"我才开始质疑这个决定。确实没有特别的理由不这样做,所以我为了编写 *Invent Your Own Computer Games with Python* 而转为使用 Python 3。结果证明这是一件非常明智的事情。

> **Al Sweigart**:"我为了编写 *Invent Your Own Computer Games with Python* 而转为使用 **Python 3**。结果证明这是一件非常明智的事情。"

编写 *Invent Your Own Computer Games with Python* 时的另一个

重大失误是我最初将整个文本写成 HTML 形式，因为我把它当作一个文本文件中的 Web 教程。我还编写了单元测试并使用 linting 工具以确保所有内容都被格式化得很好。结果证明这也是一个很大的问题。

我应该做的是使用 Microsoft Word。当我告诉别人这一点时，很多人都非常惊讶，但 Word 和 Excel 是 Microsoft 出品的最好的两件工具。如果我能向 10 年前的我发送消息，我会告诉自己使用真正的桌面出版软件。

Driscoll：你为什么选择 Scratch 而不是其他适合于孩子的初学者语言？

Sweigart：Scratch 是我遇到的最好的儿童编程工具。许多针对孩子的编程工具都被简化到让我觉得它们实际上并不是在教授编程的程度。

Scratch 作出了很多睿智的设计决策并教授真正的编程，同时隐藏了凌乱的细节。每个有兴趣教孩子编程的人都应该阅读 Mitch Resnick 撰写的 Scratch 白皮书并观看他的 TED 演讲。

Driscoll：我想稍微改变一下话题。为什么你要创建 Python 的 Pyperclip 包和 PyAutoGUI 包？

Sweigart：Pyperclip 和 PyAutoGUI 都来源于我在写编程书时产生的需求。

> **Al Sweigart**："**Pyperclip 和 PyAutoGUI 都来源于我在写编程书时产生的需求。**"

在 *Cracking Codes with Python* 这本书中，你需要处理加密和解密文本。通常，你在处理需要准确再现的大量随机无意义文本，此时如果有一个复制粘贴机制就可以使这一过程变得更加容易。该机制允许用户将输出放入电子邮件中或将其保存在文档中。所以我想："好吧，你如何在 Python 中复制粘贴文本？" PyPI 上有一些模块可以做到复制粘贴，但它们只能在一个操作系统上运行，或者它们只适用于 Python 2。

我希望有一个模块可以在所有操作系统上运行，也适用于 Python 2 和 Python 3。我需要的只是复制功能和粘贴功能。我认为这不会有太大的工作量，但实际上工作量很大。幸运的是，用户不必看到使Pyperclip 在这么多平台上运行的所有凌乱的细节。他们只看到了一个具有两个功能的模块。

Driscoll：那么你是如何开始做这个模块的呢？

Sweigart：我不希望读者根据他们的计算机设置来选择不同的模块。

我将所有代码合并到一个模块中，成为 Pyperclip，因为我注意到 PyPI 上还没有这样的模块。PyAutoGUI 也是出于类似的原因而创建的。我希望 *Automate the Boring Stuff with Python* 这本书中有一章是关于 GUI 自动化的，但 PyPI 上的所有现有模块都适用于不同的操作系统并且工作方式不同。

> **Al Sweigart："PyAutoGUI 的出现是因为需要有一个可以正常运转的模块。"**

PyAutoGUI 的出现是因为需要有一个可以正常运转的模块。我认为这是 PyAutoGUI 是我所启动的最受欢迎的开源项目的主要原因。它对很多人都很有用。

Driscoll：你认为创建 Python 包的人的目标应该是什么？

Sweigart：如果你想创建一个 Python 包或任何软件，最重要的是它要易于使用。

> **Al Sweigart:**"如果你想创建一个 Python 包或任何软件,最重要的是它要易于使用。"

在我开始编写任何代码之前，我只需确定这个 API 会是什么样子以及我将如何使用它。我认为很多程序员只喜欢编写代码和解决技术问题，但他们并没有意识到，如果一件工具对人们来说实际使用起来太过复杂，那么一切都是毫无价值的。

> **Al Sweigart:**"在最开始时,你编写的算法不需要非常优雅。你的代码甚至不需要很整洁。"

在最开始时，你编写的算法不需要非常优雅。你的代码甚至不需要很整洁。只要模块使用起来很简单，那就是吸引人们注意的地方。一旦你确定你创造出一些有用的东西并且是人们想要的东西，你就可以整理代码以便进一步的开发。

> **Al Sweigart:**"许多人使用 Pyperclip 总是让我很激动，这意味着它不仅仅是我为自己创造的玩具。"

许多人使用 Pyperclip 总是让我很激动，这意味着它不仅仅是我为自己创造的玩具。我在制作满足其他人需求的软件方面学到了很多。例如通过 PyAutoGUI 项目，我收到了来自采用非英语键盘或非英语语言设置的用户的错误报告。如果我是唯一的使用者，这些问题是我从未想过的。

通过付出努力为广泛而多样的用户群制作足够强健的代码是让我感到非常欣慰的事情。我做了一些其他的开源项目，但 Pyperclip 和 PyAutoGUI 是教会我最多如何为其他人编写软件的项目。

Driscoll：你从操作这些流行的开源项目中还学到了其他什么吗？

Sweigart：我认识到在大多数情况下，人们真的很友善。我听过一些来自开源维护者的故事，讲述了无礼的人苛求你立即修复他们遇到的错误。但与我交流过的人对他人的批评是非常乐于接受且公正的。我对于这一点真的很感激。

Driscoll：对于不愿在线分享代码的人，你有什么建议？

Sweigart：越早将你的代码放到网上并让人们看到它就越好。

你必须克服对批评的恐惧，因为我知道代码审查使我成为一个更好的软件开发者，这胜于其他一切。如果你不分享代码，你就错过了很多改进的机会，而且你总是可以使用你的别名来发布的。

> **Al Sweigart："越早将你的代码放到网上并让人们看到它就越好。"**

这很像去健身房。有时人们去健身房，而他们担心其他人都在观察和评判他们。其实健身房里的其他人都在忙于自己的事情而很难注意到他们。我认为同样的事情也适用于代码。大多数人实际上并没有阅读你的代码。我很确定大多数与我联系的技术招聘人员从来没有花时间去读完我已经放在网上的数百行代码。

我讨厌我在两周前写的任何代码。回过头看它，我会看到很多错误和粗糙的实现。很多程序员都是这样的。如果你担心你的代码太过粗糙而无法在线发布，那么至少你并不是唯一这么想的人。

Driscoll：那么对于想用 Python 创建下一个大型开源软件包的人，你有什么具体建议吗？

Sweigart：有一种叫作诺贝尔奖效应的东西，当科学家们获得诺贝尔奖后会想："我能做些什么来赢得第二个诺贝尔奖呢？我需要解决一个更大的问题。"

然后他们把眼光放得太高，再也没有完成任何事情。我有时也会对 Pyperclip 和 PyAutoGUI 抱有同样的想法，因为我没想到它们会那样受欢迎。

我的 GitHub 个人首页中有很多没有人注意到的其他项目。所以我的建议是不断尝试你的不同想法。真的很难预测什么会受欢迎。我创建的开源项目以及我写过的书都是这种情况。我真的不知道我所做的成功事情会取得成功，而我所做的大多数事情都是没有取得成功的。

从小处着手并不断发展。从错误中吸取教训并意识到你会犯很多错误。把你的代码放在网上供他人批评并学习与他人合作，因为所有大型开源项目都是由团队而不是个人完成的。我认为这可能是成功的最佳秘诀。

> **Al Sweigart："所有大型开源项目都是由团队而不是个人完成的。"**

Driscoll：你对现在的 Python 最感兴趣的是什么？

Sweigart：就 Python 3 被广泛采用而言我们似乎迎来了转机，而这是有充分理由的。

在 Python 3 中的几个地方得到了效率提升，最值得注意的是 3.6 版中的字典（这些是 Python 的基础）。asyncio 模块似乎可能成为一个杀手级功能。但我最兴奋的还是 Python 正在被越来越多的软件工程行业之外的人使用，比如业余爱好者、学者和数据科学家。

Driscoll：你如何看待 Python 2.7 的长寿？每一个人现在都应该转向 Python 3 吗？

Sweigart：是的，人们绝对应该转向 Python 3。在 2018 年，模块不支持 Python 3 将不再是借口，其实多年来这个借口就不是真的。

继续使用 Python 2 的唯一理由是你有一个 Python 2 代码的庞大现有代码库，由于 Python 早期很受欢迎，很遗憾的是很多代码库都是这种情况。但我觉得现在 Python 3 已经具备了很多很难忽视的改进。

> **Al Sweigart："我觉得现在 Python 3 已经具备了很多很难忽视的改进。"**

我个人认为能更好地处理 Unicode 字符串是 Python 3 的卖点之一。我看到过很多代码在有人于一个字符串中的某处使用非 ASCII 字符的时候运行失败。我一直认为 Python 3 之前的版本在用到 Unicode 字符时非常尴尬是很奇怪的，直到一位朋友告诉我 Python 的诞生早于 Unicode。我们很容易忘记 Python 已经存在了多久。

Driscoll：那么你认为作为一种语言 Python 的发展在哪里？你认为有什么新功能即将到来，或者你认为 Python 将在哪些新领域应用？

Sweigart：Python 向外眺望整个编程格局后哭泣了，因为没有更多的世界可以被征服了。

> **Al Sweigart："Python 向外眺望整个编程格局后哭泣了，因为没有更多的世界可以被征服了。"**

当然，这有点夸大其词。但 Python 被用于这么多不同的领域的确是令人惊讶的事情。它是一种很棒的通用脚本语言，但它也被用于大规模扩展系统。它用于 Web 应用程序，也用于机器学习。它被大型科技公司使用，也用于高中计算机科学课程。

我尝试想出 Python 尚未如此成功的领域。嵌入式设备是其中之一，但 MicroPython 正在解决这个问题。Python 对于 AAA 级游戏和 VR 来说很难使用，但它对于业余游戏制作者甚至一些独立游戏开发者来说都很棒。Python 用于 Web 应用程序后端，但 JavaScript 仍然是前端的王者。我很希望在浏览器中看到 Python。

我一直是 Python 3 中功能变化的忠实粉丝，只是因为 Python 3 终于让字符串能够合理地工作了。英语世界的许多程序员都忘记了 ASCII 不是通用码。事实上即使在英语国家，ASCII 也不是通用的。原始 ASCII 字符集有一个美元符号，而不是英镑符号。编写在有人提交带有重音字母的字符串时不会崩溃的代码是一个巨大的胜利。

> **Al Sweigart:"Python 社区是我所见过的最棒的技术社区。"**

让我对 Python 持乐观态度的不是语言本身，而是语言背后的人。Python 社区是我所见过的最棒的技术社区。他们关心的是开放和包容，并吸引了许多新鲜血液和新的目光。所以我仍然认为 Python 还有很多动力，即使它已经存在了将近 30 年。我认为 Python 仍是有价值的并将存在相当长的一段时间。

Driscoll：谢谢你，Al Sweigart。

⌒ 17 ⌒

Luciano Ramalho
（卢西亚诺·拉马略）

Luciano Ramalho 是一位巴西软件工程师，也是 Python 软件基金会的成员。他是软件设计公司 Thought Works 的技术负责人。Luciano 之前曾在巴西银行、媒体和政府部门教授 Python Web 开发。他是《流利的 Python 语言》（*Fluent Python*）的作者并且作为巴西 Python 协会的理事会成员已有 4 年。Luciano 会定期在国际 Python 会议上发表演讲。他和别人共同拥有一家培训公司 Python. pro. br，并与人共同创办了巴西第一个黑客空间 Garoa Hacker Clube。

讨论主题：Python 书籍，APyB，v2. 7/v3. x。

Luciano Ramalho 的推特联系方式：@ramalhoorg

Driscoll：你能介绍一下自己的背景信息吗，Luciano?

Luciano Ramalho：当然，我是一名自学成才的程序员。我于 1963 年出生在巴西。在 1978 年，当我 15 岁时，我看到 Lunar Lander 游戏在 HP-25 计算器上运行，便对将可编程计算器和棋盘游戏结合起来感到兴奋，这是我当时主要的极客热情。

那年的晚些时候，我父亲的雇主给了他一台 TI-58 计算器，我迅速借用了它，但从未归还。我的第一个有趣程序是一个从 HP 到 TI 语言（两者都是类似汇编的语言）的 Lunar Lander 的端口。

1981 年，我在伊利诺伊州哈里斯堡作为交换生学习了一年，我是两名在高中图书馆刚收到的 Apple II 计算机上自学编程的志愿者之一，学校里没有其他人知道如何处理计算机。

回到巴西后，我的第一份工作是将 Apple II 软件手册翻译成葡萄牙语，我的第二份工作是教授编程，这成为我终生的爱好。

> **Luciano Ramalho:**"我的第二份工作是教授编程，这成为我终生的爱好。"

从那以后，我在大约一半的时间里是一名程序员，而在另一半的时间里则是一名教师。我作为一名程序员做过 8 位教育软件、CP/M 独立商业应用程序、Windows 客户端-服务器应用程序、Windows 和 macOS 的 CD-ROM 以及 Unix 上运行的巴西最早的门户网站的后端系统等项目。

我拥有几家小公司（一家桌面出版机构、一家软件公司和一家培训公司），而现在我很自豪能够成为 ThoughtWorks 的首席顾问。

现在我最喜欢的编程类型是以代码为例来说明语言、API 和平台中的新概念。我对 DX（开发者经验）也非常感兴趣。我真的很喜欢为可以展示一个想法并且依然有趣（不仅仅是 foo 和 bar 抽象）的最简单例子编写代码这种挑战。这就是为什么我称自己为独立程序员。

Driscoll：你为什么成为程序员？

Ramalho：我成了一名程序员是因为我喜欢编程，就像我喜欢玩棋盘游戏一样。

我看到一个非常强大的并行：语言提供的关键字和函数就像你可以任意使用的游戏棋子和其他游戏资源，而你必须合理安排这些资源以达到预期的效果。语言的语义就像游戏规则。如果一种语言具有语法宏，那就像能够在游戏中创造全新的棋子——这是一种非常强大的能力。

> **Luciano Ramalho：**"我成了一名程序员是因为我喜欢编程，就像我喜欢玩棋盘游戏一样。"

除了有趣之外，编程让我们在世界上产生了巨大的影响，而我总是试图产生积极的影响。

Driscoll：为何选择 Python？

Ramalho：在 Python 之前我学过十几种语言，在 Python 之后我又至少研究了 6 种语言。但是 Python 是在我职业生涯中使用时间最长的一个。

正如俗语所说，Python 适合我们的大脑。我发现它优雅而实用，简单但不过分简单化，一致但不严格或有限制性。一段时间后我在 Python 社区也结识了很多朋友，所以这成了我坚持下去的一个重要原因，即使有时候我期望的是不同的东西。

我在 1998 年偶然发现了 Python，当时我正在学习 Perl 5 的 OO 功能，将其用于 Web 开发。当时，每当 Perl 邮件列表中的某个人询问做某事的 OO 方式时，就会出现与 Python 的比较。经过两三次像这样提到 Python 后，我决定了解它。

> **Luciano Ramalho:"我读了 Guido van Rossum 的教程并爱上了这门语言。它结合了 Perl 和 Java 的最佳特性。"**

我读了 Guido van Rossum 的教程并爱上了这门语言。它结合了 Perl 和 Java 这两种我当时最常用的语言的最佳特性。Python 是一种真正的 OO 语言，像 Java 一样具有相当不错的类库，但它也像 Perl 一样简洁实用，并且比两者都更易读，更一致，更好用。我认为 Python 是语言设计的杰作。

Driscoll：你认为是什么令 Python 成为这么好的人工智能和机器学习语言？

Ramalho：最重要且最直接的原因是 NumPy 和 SciPy 库启动了 scikit-learn 等项目，而这些项目目前几乎是用于机器学习的事实上的标准工具了。

之所以创建 NumPy、SciPy、scikit-learn 以及许多其他库，首先是因为 Python 具有一些使其对科学计算而言非常有吸引力的特性。Python 具有简单而一致的语法，它使非软件工程师的人更容易实现编程。

另一个原因是运算符重载，它使代码具有可读性和简洁性。然后是 Python 的缓冲协议（PEP 3118），它是外部库在处理类数组数据结构时与 Python 高效互操作的标准。最后，Python 受益于丰富的科学计算库生态系统，它吸引了更多的科学家并创造了良性循环。

Driscoll：还可以做什么使 Python 成为更好的人工智能和机器学习语言？

Ramalho：Python 中人工智能和机器学习项目面临的最大挑战是使用此类项目在部署到生产环境时所需的所有外部依赖项。容器可以解决很多问题，但这也并不容易。

Driscoll：你是怎么成为作家的，Luciano？

Ramalho：*Fluent Python* 是我开始写的第四本书，但是它是我完成的第一本书。写一本书需要花费很多时间，而且很容易低估所需的工作量。

2013 年，我提交了 OSCON 的演讲提案并被采纳。当我参加会议时，我走近 O'Reilly 展位，在我的 iPad 上放了四张幻灯片：书名、关于我自己以及两张大纲幻灯片。他们很感兴趣并向我发送了书籍提案的模板。几个月后，我签了一份合同并获得了一小笔预付金。

我最初是在业余时间写这本书。在那段时间里，编辑梅根·布兰切特（Meghan Blanchette）是唯一一个阅读它的人。她给了我一些非常有价值的指导，尤其是在写书流程方面。

大约在项目进行了 9 个月的时候，第一个截止日期临近，而我无法完成。O'Reilly 合同中包含一个条款，允许在我交稿遇到问题时强加一位共同作者。但是 *Fluent Python* 这本书对我来说是一个非常个人的项目，所以我决定退出所有其他的自由工作，只专注于这本书的写作。

我又写了 9 个月，大概每周花 50 个小时，最终完成了这本书。在写作过程的后半部分，技术编辑加入了该项目。审稿人都是我钦佩的人：Alex Martelli、Anna Ravenscroft、Lennart Regebro 和 Leonardo Rochael。Victor Stinner 专注于关于 asyncio 的章节，这部分内容对我们其他人来说是一个新主题。他们都给了我很多极好的反馈和鼓励。

Driscoll：你从编写 *Fluent Python* 中学到了什么？

Ramalho：我学到了很多关于 Python 的知识。在写作的过程中，我探索了以前从未使用过的标准库的部分内容。

我使用了独特的 Python 化（Pythonic）的语言功能，如属性描述符和 `yield from` 表达式。我终于发现了为什么 Windows 上的 Python 程序在打印到 cmd. exe 控制台时没问题，但是当其输出被重定向到文件时就会崩溃提示 `UnicodeEncodeError`。

我学到了很多关于 Python 的知识。我也学到了做自己的价值。对某个主题充满热情并充分了解它是创造内容的良好基础。

> **Luciano Ramalho:"我也学到了做自己的价值。对某个主题充满热情并充分了解它是创造内容的良好基础。"**

我是一个热心读者，这对写作至关重要。我对语言设计也有自己的看法。作为一名读者，我一直对技术作者在写作中混淆了事实和观点感到很恼火，因此我想出了在每章末尾添加"Soapbox"一节的主意。我可以提供我的观点，同时也让读者清楚知道他们可以跳过这一部分。Soapbox 写起来很有趣，一些评论家也喜欢它们。这就是如何做好自己的一个例子。

Python 社区由喜欢分享个人知识的人组成，他们值得信任。所以我记下了在书中用到的所有重要参考资料，不仅包括其他书籍，还包括博客文章、视频甚至 StackOverflow 上的答案。我在"Further Reading（进一步阅读）"一节与读者分享了这些笔记。这也是一些评论家称赞这本书的一个方面。

> **Luciano Ramalho:"Python 社区由喜欢分享个人知识的人组成，他们值得信任。所以我记下了在书中用到的所有重要参考资料。"**

在个人层面上，写完 *Fluent Python* 并见证其在评论和销售方面取得的成功对我的自尊心很有帮助，因为我之前曾三次尝试写一本书都失败了。所以我想我学到的一点是，当你相信一个项目时，需要坚持不懈并全身心投入。

一些读者给了我很多很好的反馈，我和其中反馈最多的人成了好朋友，那就是 Elias Dorneles。所以我学到的另一点是以开放的态度面对反馈并为人们提供给出反馈的机会是很重要的。

Driscoll：如果你能重新开始，你会做些什么改变？

Ramalho：我会写一本较短的书！我最初的计划是写 300 页，但最终写到了 770 页。

或者我可以写成 5 本较短的书，因为 *Fluent Python* 中从第 Ⅱ 部分到第 Ⅵ 部分的每个部分的内容都是独立的。但这样产生的多卷本对于读者而言会更昂贵，并且可能不会达到相同程度的认可度和销售额。

我并不后悔，因为我逐渐认为任何发生的事就是当下该发生的事。我从作家布鲁斯·埃克尔（Bruce Eckel）那里学到了这一点，这是开放空间事件的规则之一。

> **Luciano Ramalho**："任何发生的事就是当下该发生的事。我从作家布鲁斯·埃克尔（Bruce Eckel）那里学到了这一点，这是开放空间事件的规则之一。"

Driscoll：你是如何参与创立巴西 Python 协会的？

Ramalho：巴西 Python 社区是围绕几个邮件列表和 Osvaldo Santana 创建的一个维基（wiki）自然发展起来的。我已经将 Python 作为我的主要语言，并且已经为一本杂志写了一个教程，但是 Osvaldo 的维基鼓励我与更广泛的社区进行交流。

我们中的许多人每年都会聚集在 FISL，这是巴西最大的 FOSS 会议。令人难以置信的是面对面的、喝着啤酒的聚会，可以加强一个由线上开始的社区。

> **Luciano Ramalho:**"令人难以置信的是面对面的、喝着
> 啤酒的聚会,可以加强一个由线上开始的社区。"

Rodrigo Senra 组织了第一届巴西 Python 大会,而 Jean Ferri 组织了第二届。在没有正式赞助的情况下举办这些会议很困难:组织者无法以一个模糊社区的名义签署合同、开具发票或收集赞助。所以在一次 FISL 上,我们决定创建巴西 Python 基金会。

当我们得知基金会在巴西法律下是一个保留词时,我们面临了数月的官僚主义。为了成为一个基金会,我们需要一个五年行动计划。我们需要一些员工和足够的捐助,以为我们的员工和我们的所有计划提供至少五年的资金。所以我们不得不改变我们的计划,成为更卑微的巴西 Python 协会(APyB)!

最后,由于我们的第一任 APyB 常务董事,同时也是我的继任 APyB 主席 Dorneles Tremea 的坚持不懈和足智多谋,我们取得了成功。

Driscoll: 我听说有人质疑 APyB 的价值。你对这种批评的回应是什么?

Ramalho: 是的,我知道有些人质疑 APyB 的用处,毕竟 APyB 的志愿主席和董事确实需要花一些时间。我在为 APyB 辩护时的主要论点是我们如果没有它,情况会更糟糕。

Driscoll: 那么你现在正在开发哪些开源项目?

Ramalho: 实际上,目前没有!我曾经启动过 pingo 项目,它是一个与设备无关的 API,用于为具有 GPIO 接口的设备编程。但我做的只是成功地吸引卢卡斯·维多(Lucas Vido)成为可靠的贡献者。我们俩都忙于其他事情,所以现在这个项目已经被放弃了。我想重新启动它,但我不知道什么时候能够做到。

我的所有会议演讲和教程中的所有代码和幻灯片都是开放的。我有超过 50 个演示文稿分享给想要看到它们的人：https://speakerdeck.com/ramalho。所有演讲也放在 Git Hub 上的 /fluentpython organization 和我个人的 GitHub 账户(/ramalho) 上。

我已经开始编写用于学习 Go 语言的开放内容。我的下一个开源项目更有可能是一本书或一些其他内容，而不是应用程序或库。

Driscoll：哦，你考虑写另一本书真是太好了！那么你对有抱负的作者有什么建议吗？

Ramalho：嗯，我不是经济学家，但是我认为写书帮你付账单的可能性和弹吉他一样大，所以不要为了钱去做，而是为了对于你的主题的热爱。

此外，准备好长期作战。必须要有存款，这样你可以在必要时抽出一段时间专门写作。我认识的两位非常成功的作者告诉我，他们与合著者一起的大部分经历都很糟糕。因此，我认为在漫长而孤独的作家生涯中并没有捷径可走！

Driscoll：你有没有考虑过自出版？

Ramalho：是的，我考虑过，尽管有一些自出版替代方案，但我认为如果可以的话，至少与优秀的出版商一起做你的第一本书是值得的。第一个原因是你从优秀的编辑和技术评审那里得到的所有支持。第二个原因是你通过一个知名品牌推广你的作品以及装饰书籍封面得到的认可。

Driscoll：当你写一本书时，你是否在开始写作之前创建了代码？

Ramalho：我认为代码示例是所有编程书的核心：没有优秀的例子你就无法拥有一本优秀的书。经典的 *Graphic Java* 一书的作者大卫·吉瑞

(David Geary) 曾经写道，编写一本编程书本质上是举出启发性的例子，然后围绕它们进行解释。我接受了他的建议，而这对我来说效果很好。

> **Luciano Ramalho:"我认为代码示例是所有编程书的核心：没有优秀的例子你就无法拥有一本优秀的书。"**

因此，虽然对我来说最困难的部分当然是举出例子，但在开始写书之前我已经创建了很多代码。我绝对没有从空文本文件和空白屏幕开始！

Fluent Python 中的许多示例和解释都是我在超过 10 年的 Python 教学和演讲中开发的。我也为这本书创作了更多的内容，实际上有很多我在书中未使用过的例子，因为它们过于复杂，或者因为我想出了更好的例子。

> **Luciano Ramalho:"对于所有 Python 教师来说，有一点是非常值得学习的：在必要的时候我们必须学会放弃我们的例子和写作。"**

对于所有 Python 教师来说，有一点是非常值得学习的：在必要的时候我们必须学会放弃我们的例子和写作，无论我们为此付出了多少努力。因此，作为教师和作者，当我们找到更好的方法或者我们意识到我们已经走向极端时，放弃我们的例子并继续为我们的读者考虑是非常重要的。

我已经知道当我写下一本书时会尝试删除更多这样的内容。作为一名教师我也是这么考虑的。作家和飞行员 Antoine de Saint-Exupéry 关于飞机的设计说过："完美似乎不是没有更多东西可以增加，而是没有什么可以移除。"

Driscoll：现在 Python 中的什么最让你感到兴奋？

Ramalho：除了 Python 在数据科学方面取得的巨大成功之外，我也对 async/await 关键字有可能实现异步编程，不仅可以通过标准的 asyncio 库，还可以通过如 Trio 等第三方库实现这一点感到兴奋。

关于 Python 3.7，最令我兴奋的是 PEP 557，它引入了一种创建具有显式数据属性的类的标准方式。这是如 ORM 等库不得不反复重塑的东西。

Driscoll：你如何看待 Python 2.7？人们应该转向最新版本吗？

Ramalho：是的，人们应该完全转向 Python 3.6。Python 语言发展得很好并且大多数库已被移植多年了。但是，并非每个人都能够迁移。

> **Luciano Ramalho：**"是的，人们应该完全转向 Python
> 3.6。Python 语言发展得很好并且大多数库已被移植多
> 年了。"

最棘手的部分是解决 strings 与 bytes 的问题。这是一个非常积极的变化，但不能自动化，因为在 Python 2.7 中，strings 有时被当作文本处理，有时被当作 raw bytes 处理。

Driscoll：你希望在未来的 Python 版本中看到哪些变化？

Ramalho：我希望全局解释器锁（GIL）消失，这样我们就可以在使用 threads 进行 CPU 密集型工作时利用所有处理器核心。不幸的是，Larry Hastings 为此所作的最新努力似乎停滞于 2017 年中期。

主要问题是移除 GIL 会破坏大部分（或所有，取决于你问的人）依赖 Python/C API 的外部库。大多数人没有意识到的一个事实是，如果没有 GIL，用另一种语言编写 Python 扩展将会复杂得多。所以，虽然我们希望 GIL 不存在，但实际上它是 Python 成功的基石。

Python 核心开发者 Eric Snow 写道，GIL 更像是一个 PR 问题。是的，可以使用 Python 的 threads 或异步库编写高度并发的 I/O 绑定代码。但是当这样一个项目增长或者压力很大时，会出现 CPU 密集型瓶颈。在线程化代码中很难找到这些瓶颈，但由于 GIL，它们会拖慢一切。

今天可能只有一小部分 Python 项目受到 GIL 的严重影响，但是 CPU 逐渐拥有更多核心并且没有变得更快，因此利用多个核心变得越来越重要（https://lwn.net/Articles/650521/或 https://mail.python.org/pipermail/python-ideas/2015-June/034177.html）。

Driscoll：谢谢你，Luciano Ramalho。

~~ 18 ~~

Nick Coghlan
（尼克·科格伦）

Nick Coghlan 是一位澳大利亚软件开发者和系统架构师。他担任过波音澳大利亚公司的软件工程师和开源解决方案提供商 Red Hat 亚太区公司的高级软件工程师。Nick 是 CPython 核心开发者和 Python 包装互操作性标准的 BDFL 代表成员。他是 Python 软件基金会的 Python 包装工作组 (Python Packaging Working Group) 的创始成员，以及 PyCon 澳大利亚教育研讨会的创始人。在过去的 20 年中，Nick 为一系列开源系统和软件项目作出了贡献。

Nick Coghlan 的照片来源：© Kushal Das

讨论主题：核心开发者，**PEP**，学习 **Python**。
Nick Coghlan 的推特联系方式：**@ncoghlan_dev**

Mike Driscoll：是什么让你决定成为一名计算机程序员？

Nick Coghlan：最初我做编程就像小孩子玩游戏一样。我们有用于 Apple IIe 的很老的 BASIC 编程书。

直到我在高中一年级做 IT 时才发现计算机实际上是一种你可以将它当作工作来玩的东西。我上的那所学校是那个州首批真正开设 IT 课程的学校之一。所以这就是之后我在大学主修计算机系统工程专业的原因所在。

大学毕业后我的第一份全职工作是 C 语言的嵌入式系统编程，用于德州仪器的 DSP。从那时起，我做了更多的系统控制和自动化工作，这些看起来更像是编程，而不是嵌入式软件开发。所以事实就是我喜欢编程，我很擅长编程并可以从中赚钱。

Driscoll：那么你为什么会使用 Python?

Coghlan：我选择 Python 实际上是因为它很有趣，因为我最开始是一名 C/C++开发者。

> **Nick Coghlan**："然后我回答说：'我们可以使用另外一种语言吗？我熟悉 Java，我想使用 Java。'"

我在大学时唯一接触到 Python 的机会来自一位网络讲师，他说："我会让你们用 Python 完成任务，因为我相信你们中没有人会知道它。"然后我回答说："我们可以使用另外一种的语言吗？我已熟悉 Java，我想使用 Java。"

我的讲师说："好吧，如果你真的想使用 Java 那就用吧，但是你得先尝试使用 Python。"所以我尝试了 Python 1.5.2 并且觉得它很有趣。

在工作上，我为澳大利亚的一家大型系统集成商工作。对于我正在研究的 DSP 程序，我的测试套件是一个非常基本的 C 程序，如果它没有最终崩溃的话，它是很成功的。

当我们进行下一级集成测试时，我们遇到了很多 DSP 代码无法正常工作的问题。因此我们碰到了大量的行为错误。我们决定编写一个更好的测试套件来输入音频。重要的是要检查我们是否从实际的数据分析中得到了我们期望的答案，而不仅仅是我们可以与 DSP 通信并要求它远程执行操作。

> **Nick Coghlan:"重要的是要检查我们是否从实际的数据分析中得到了我们期望的答案。"**

我们希望检查实际的信号处理本身。我们也真的不想用 C 和C＋＋编写程序。该系统的另一部分已经将 Python 作为系统控制组件的语言。所以 Python 并不是用于系统的核心部分，而只是用于编排系统的所有不同部分，并在应该启动时启动这些部分。

做自动化测试时我们主要考虑两个方案。一个是使用 Python 的带有 SWIG 的 unittest 模块来生成实际与 DSP 通信的C＋＋驱动程序的绑定。另一个是使用我们用来做任何其他事情的内部 C/C＋＋测试框架。我们最终选择了 Python。

Driscoll：你为什么选择 Python？

Coghlan：因为 Python 有 unittest 模块来实际组织测试。Python 有 SWIG 来绑定到C＋＋驱动程序。我们控制了该驱动程序的 API，因此使其与 SWIG 协作是非常简单的。

最后一个关键部分是 Python 在其标准库中有 wave 模块，它可以从 PC 中播放 WAV 文件。因此这为澳大利亚高频现代化项目（Australia's High Frequency Modernization Project）确立了一个趋势。通过对项目的各部分进行测试，模拟和仿真用于测试目的的系统接口，Python 最终进行了大量扩展。

Driscoll：我知道另一个澳大利亚人帮助创建了 pywin32。你有没有参与那个项目？

Coghlan：不，我只是一个 pywin32 用户。实际上有很多澳大利亚人历史上为 Python 社区作出了贡献。但是因为他们并没有真正活跃于澳大利亚的 PyCon 或其他类似的活动中，我从来没有真正遇见过他们!

Driscoll：好吧，让我们换个话题吧。你是如何成为 Python 语言的核心开发者的？

Coghlan：我对这个问题的简短回答是，我是通过与 Guido van Rossum 辩论成为核心开发者的!

> **Nick Coghlan:"我是通过与 Guido van Rossum 辩论成为核心开发者的!"**

实际上我从 20 世纪 90 年代末开始使用 Usenet，因此我非常熟悉整个在线讨论形式。在我开始使用 Python 之后，我最终加入了最初的 Python 的邮件列表并参与了那里的讨论。

我发现 Python-Dev 是一个重要的东西并开始潜伏在那里，最初只是为了倾听人们在谈论的内容。后来我也开始积极参与讨论和发布。我记得我真正作出的第一个贡献是关于 Python 列表的讨论。

使用 timeit 模块对代码片段计时并说"哦，这比那更快"是很常见的。在那时，如果你想要在两个不同版本的代码片段间进行计时比较，则必须在特定版本的标准库中找到 timeit 模块的位置。

我们说："等等! Python 已经知道 timeit 模块的位置了。为什么我们还要告诉 Python 在哪里找到它呢？"所以最终形成了一个补丁以在 Python 2.4 中加入初始版本的-m 开关。我想 Raymond Hettinger 对此进行了评论。这个 Python 的初始版本只能作为顶级（top-level）模块，无法作为包或子模块。最终当我们到达 Python 2.7 时，-m 开关实际上能正常工作了并可以完成你期望的所有事情。

> **Nick Coghlan:"最终当我们到达 Python 2.7 时,-m开关实际上能正常工作了。"**

在 2004 年底发生了有趣的事情。在经历了一段工作上的关键时期后，我休了三个月的假。我最终帮助 Raymond 和 Facundo Batista 完成了 Python 十进制模块的初始性能增强。我们一直在研究如何使该模块更快。

Driscoll：你们有没有找到加速的办法？

Coghlan：几年之后我们有了一个最终解决方案，但在早期，有很多基准测试都在比较："作为一个纯 Python 的东西，我们能有多快?"

> **Nick Coghlan:"有很多基准测试都在比较：'作为一个纯 Python 的东西,我们能有多快?'"**

我记得那段时期有一个显著的进展。我们发现在纯 Python 中，如果你有一个数字元组，你想把它转换为一个十进制数，那么 CPython 自身提供的最快转换机制是将所有数字转换为字符串，连接字符串，然后使用 int 将连接的字符串转换回数字。

这是因为在 Python 代码中字符串的 int 转换已经被优化到了比执行所有乘法和加法操作要快的程度。当然，在 C 语言中你可以进行算术运算。我们的这个发现真的让 PyPy 开发者感到非常恼火。从他们的角度来看，算术运算要好得多，因为 JIT 的作用。所以这意味着他们的 decimal 模块比他们期望的要慢。

我想我是在 Python 2.3 发布之后开始参与讨论的。曾经有一个流行的消遣方式是取笑扩展的切片语法。你有反向笑脸的左方括号、冒号、冒号、－1 和右方括号来反转序列。这种情况在 reversed 或类似的机制存在之前就已经存在了。

reversed 是一件困难的事情，因为事实证明正确得到切片反转的算术实现非常棘手。如果你手动来做，是很容易出现错误的。因此，添加反转功能会让操作更简单。

Driscoll：你如何看待 Python 2.7 的长寿？人们应该迁移到最新版本吗？

Coghlan：我们特意设置 Python 2.7 的支持周期，以便现有用户可以自己决定何时他们考虑到 Python 3 生态系统对于他们来说足够成熟从而进行转换。

> **Nick Coghlan:"我们特意设置 Python 2.7 的支持周期，以便现有用户可以自己决定。"**

感觉到 Python 2.7 的局限性的人们很早就会迁移，所以我们现在正处于这样一个时期，大多数仍未迁移的人要么在寻找更好的工具来帮助他们完成这个过程，要么只是计划在使用 Python 2.7 的项目和产品受影响时才会迁移。

在工具方面，Python 3 的类型提示机制的一个重要用例是，它允许人们静态检查 Python 3 类型正确性错误，即便它们的自动测试覆盖率很低。这极大地扩展了可以可靠迁移的代码范围。

Driscoll：你希望在未来的 Python 版本中看到哪些变化？

Coghlan：我希望看到更好的工具来处理部分结构化分层数据，但它是以维护 Python 作为可执行伪代码的名声的方式进行。我还想继续减少可以用扩展模块做什么和有什么特别需要 Python 源模块这两者之间的差异。

最后，我希望看到对受保护的内存管理模型的更好支持，不是旨在作为安全边界，我们应该提供内存分离作为协助维护并发代码正确性的一种方式。CPython 的 subinterpreter 功能已在某种程度上提供了这一功能，但该功能目前存在很多可用性挑战，Eric Snow 正致力于解决这些问题。

Driscoll：太好了！假如我希望成为像你这样的核心开发者，我需要做什么？

Coghlan：最重要的事情之一是找出你想成为核心开发者的原因。你需要这个问题的答案，因为有时候会有不可避免的挫折，而你不得不这样问自己："我为什么要做这个?！"

如果你不知道你的动机是什么，那将是一个问题！没有其他人可以为你回答这个问题。之后，成为核心开发者的主要事情是关于信任和赢得信任的。

> **Nick Coghlan:**"成为核心开发者的主要事情是关于信任和赢得信任的。"

关于贡献，作为核心审查人员我们总是在说："我们是否愿意接受这种变化并将其保持到将来？如果后来被问到，我们能否对我们接受这一改变的原因给出一个很好的答案？"

在提名新核心开发者和核心审查人员时，我们正在寻找的是我们相信其有能力作出正确评判的人。我们希望他们说："是的，这是一个合适的改变，总的来说，它将为未来的 Python 用户带来更好的生活。"

编程语言设计是一种权衡的游戏。如果你尝试一次优化所有内容，那么你最终什么也无法优化。因此，随着时间的推移会有很多新东西作为让代码更 Python 化（Pythonic）的交换而出现。因此需要确

定你是否可以自己决定某些内容，或者是否需要将问题提交给
Python-Dev 进行讨论。

> **Nick Coghlan："编程语言设计是一种权衡游戏。如果你
> 尝试一次优化所有内容,那么你最终什么也无法优化。"**

然后有最后一级升级，当我们说："这个提案很棘手，这里的细
节很多。那么这里会有潜在争议，我们应该将此问题升级为一个完整
的 Python 增强提案（PEP），并在做其他任何事情之前详细说明其细
节。"这才是一名核心开发者，他可以决定特定变化在整个 Python 图
景中的位置。

> **Nick Coghlan："这才是一名核心开发者,他可以决定特
> 定变化在整个 Python 图景中的位置。"**

Driscoll：核心开发者如何作出这个决定？

Coghlan：嗯，错误修复通常非常简单，因为我们知道出了什么问
题。当然错误修复有时也会令人困惑。

我们有三个事实来源，因为我们拥有参考解释器所做的工作、测
试套件所说的内容以及文档所说的内容。如果所有这三个事实来源都
达成一致，那么你就知道这与你正在做的事情是一致的。

当解释器做了某事，而测试套件和文档对此保持沉默时，事情开
始变成更多是设计判断的问题。这种情况还没有经过测试，也没有被
记录为做了什么特别的事情。另一种情况是文档说明了一件事，但测
试和实现说了些不同的事情。在这些情况下，你必须说："嗯，文档
是正确的而这是一个错误，或者是文档错了？"

这些是你作为核心开发者所要做的事情。而当你是贡献者时，你
只是想把你的想法表达出来。这仍然是一个信任管理问题，但你要做
的是尝试说服审查人员你的改变是值得做的。所以是的，这当然很

有趣！

　　你需要了解成为核心开发者的内容以及为什么这是你想要的。就该角色的实际机制而言，Brett Cannon 最初用 BSF 的资助编写了开发者指南。随着时间的推移开发者指南得到了维护和增强，它解释了作为核心开发者和成为 CPython 的贡献者之间的区别。

> **Nick Coghlan：“成为核心开发者还伴随着额外的责任。”**

　　成为核心开发者还伴随着额外的责任。该角色需要处理问题，与审查人员合作，了解审查流程，讨论邮件列表中的内容以及制定设计决策。你最终要面对在处理这样一个大项目的实际工作时不可避免的挫败感。核心指导邮件列表也很有用，具体取决于你的个人情况。

　　Driscoll：我一直对 Python 增强提案感兴趣。你能描述一下它们被创建和被接受的过程吗？

　　Coghlan：好的，Python 增强提案的创建和接受有两种不同的流程。

> **Nick Coghlan：“一个流程是一个核心开发者提出一个我们想要做的改变，并且我们也知道这种改变将是巨大而复杂的。”**

　　一个流程是一个核心开发者提出一个我们想要做出的改变，并且我们也知道这种改变将是巨大而复杂的。不需要任何人的告知我们就知道这个改变需要成为一个 PEP。因此在这种情况下，我们通常只需编写 PEP 并将 PEP 提交给 PEP 仓库。

　　然后我们在 Python-ideas 上开始讨论，像这样：“嘿，我已经写了一个新的 PEP 提出这个，这是为什么。”讨论基本上是从这个层面开始的。核心开发者管理 PEP 流程，因为我们已经做过好几轮，所以我们知道一个改变何时符合条件。

对于其他 PEP，通常的起点是有人来到 Python-ideas 提出一个建议时。这个建议将作为一个 Python-ideas 思路被讨论一段时间。然后人们会说："你知道吗？这听起来可能是一个好主意！"之后作出的决策将这个想法变成一个完整的 PEP 并以那种方式提出这个想法，而不是仅仅将其作为问题跟踪器（issue tracker）上的一个问题提交。

这提醒了我 PEP 产生的第三种方式。当我们确实知道我们想要做出的变化时，它们可以来源于关于问题跟踪器的讨论，但是这会有很多琐碎的细节。我们编写了一个 PEP，详细说明细节，然后用它来推动我们实现这个想法。

> **Nick Coghlan:"我们编写了一个 PEP,详细说明细节,然后用它来推动我们实现这个想法。"**

Driscoll：所以这些变化只是被讨论，直到它们最终得到解决，然后被接受或者被拒绝？

Coghlan：这取决于提案。对于一些提案，变化本身并没有争议，但细节还需要斟酌。

这些提案通常会经过 Python-ideas 和 Python-Dev 上的讨论。然后作出的决策会停止讨论这个想法并开始实施它。该提案成为一个被接受的 PEP 并最终得到通过。

一些提案更具有争议性，为此我们会向 Python-Dev 提出问题，即它们是否是一个好想法。我们现在确实有一个关于空合并运算符的公开提案。我们真的不知道是否要继续。这个 PEP 会使语言变得更复杂，因为人们必须学习和理解其神秘的语法。这就是反对这个想法的主要论据。但是关于赞成的论点，你会说："嗯，这是一种在数据操作管道中经常出现的模式。"

所以这个 PEP 仍在讨论中，它能否最终被提交给 Python-Dev 仍然是一个问题。之后作出的决策可能是"是的，我们肯定要继续"，或是"不，我们不这样做，除非有什么改变"。

> **Nick Coghlan:"偶尔,你会碰到专门写来被拒绝的 PEP。"**

偶尔，你会碰到专门写来被拒绝的 PEP。在那些情况中，一个想法出现了，但反对它的论点从未在任何地方被清晰地记录下来。所以有人只是花时间写下这个想法并写下我们拒绝这个 PEP 的所有原因，然后说："对！我将此作为一个被拒绝的 PEP 发布，以说明这就是为什么我们不这样做的原因。"这让我想起了我在 Python 3.5 和 3.6 中看到的一些新东西，那些东西只被部分接受并被归类为临时的。

Driscoll：那有什么不同吗？这是否意味着人们已经同意他们想要添加一些东西，但他们可能不会保留它？

Coghlan：是的，所以有好几次在我们接受一个变化和新 API，并在保证向后兼容性的前提下将其置于我们的标准中时，我们被困住了。

最终我们把自己围到一个角落。我们不得不支持一个实际上并不适合它要解决的问题的 API。我们得到了一些建议和对用户显而易见有用的模块添加。问题是我们不确定我们的 API 设计细节是否合适。

> **Nick Coghlan:"我们不得不支持一个实际上并不适合它要解决的问题的 API。"**

我们并不希望在保证向后兼容性的前提下将任何内容都添加到我们的完整标准库中，因此我们决定不添加内容。这种方法最终对每个人都不利，因为它使一些本应该加入标准库的内容没有被加入。

我们也无法使用这种类型的模块来帮助我们改进标准库的其他部分。老实说，新构建模块进入标准库的主要方式之一是因为我们希望在标准库的其他部分使用它们。所以现在有一个标准库 enum 类型，因为我们想要在像套接字（socket）模块这样的东西中使用 enum 类型。

这个临时 PEP 通过数次的迭代，我认为它最终成为了 PEP 411。基本上 PEP 411 旨在让我们能够接受我们非常有信心保留的模块，但我们还不确定我们是否拥有正确的 API 设计细节。

我们在好几个版本中都将一个 PEP 作为临时的，这样做是因为如果我们搞砸了，我们可以对 API 进行重大修改。我认为异步 I/O 只是在 Python 3.6 中变成非临时的。

> **Nick Coghlan："我们在好几个版本中都将一个 PEP 作为临时的，这样做是因为如果我们搞砸了，我们可以对 API 进行重大修改。"**

Driscoll：那么将一个 PEP 作为临时的起作用了吗？

Coghlan：是的，我们对结果真的很满意。它让我们给人们一个明确的警告，即 PEP 仍然处于不断变化之中。这让用户知道我们仍然在努力弄清楚细节，如果这会让他们感到困扰，那么他们就不应该使用这个 PEP。

Python 3.6 中的 pathlib 实际上是一个有趣的例子。pathlib 当时是作为临时 API 被包含在内并且与其他期望字符串的标准库 API 之间存在许多互操作性问题。

> **Nick Coghlan："对于 Python 3.6，pathlib 遇到了十字路口。"**

对于 Python 3.6，pathlib 遇到了十字路口，要么再次从标准库中被取出并回归到纯粹的 PyPI 模块，要么必须修复互操作性问题。这是 Python 3.6 核心开发团队面临的抉择。

这个决定最终形成了 `os.path` 协议，或 `os.fspath` 协议以及对路径类对象的支持，这样就基本修复了 `pathlib` 的互操作性问题。这也意味着现在有很多标准库 API 可以自动接受路径类对象。

Driscoll：好吧，那么 Python Packaging Authority 是什么？

Coghlan：Python Packaging Authority 这个名字实际上是由 pip 和 virtualenv 开发者的玩笑引出的。他们想要一个用于涵盖这两个项目的开发团队的名称。所以他们说："让我们称自己为 Python Packaging Authority，因为没有人期望有 Python Packaging Authority！"

在 2013 年，我们开始积极尝试将更多工具（如 `setuptools` 和 `distutils`）引入该空间。Python 打包用户指南（Python Packaging User Guide）开始将所有信息整合在一起，以提供更加一致和官方推荐的方式来做事情。我们也需要一个名称来命名这个伞型组织（umbrella group）。我们认为 Python Packaging Authority 是一个很酷的名字，我们可以开始在这个保护伞下引入更多的项目。

> **Nick Coghlan："我们认为 Python Packaging Authority 是一个很酷的名字，我们可以开始在这个保护伞下引入更多的项目。"**

基本上，Python Packaging Authority 主要围绕打包工具和互操作性标准发挥着作用，这类似于核心开发者在整个 Python 中所扮演的角色。虽然对编程语言设计感兴趣的人和对软件分发设计感兴趣的人之间存在一些重叠，但是有很多人都倾向于一方或另一方。那些人对其他方面也不是一点也不感兴趣。

区分这两类人意味着任何关心这两种设计的人都可以参与这两个子社区。但我们并不是一直试图向语言设计者解释软件分发的复杂性，反之亦然。我认为这种区分通常让人们更加高兴。能够加入一个你理解的小组是非常好的。我喜欢打包，但我也喜欢 Python。所以我会纠结于我可能属于哪一组。我可能希望同时工作于 Python 和 Python Packaging Authority。

> **Nick Coghlan：**"我喜欢打包，但我也喜欢 Python。所以我会纠结于我可能属于哪一组。"

Driscoll：Python 是人工智能和机器学习中使用的主要语言之一。你认为这是为什么？

Coghlan：AI 和机器学习是探索性交互式数据分析和繁重数字运算的有趣组合。CPython 的丰富 C API 使得 Python 成为一种"胶水"语言，用于连接以 C、C++和 Fortran 等语言编写的高性能组件。

科研界已经用这种方式使用 Python 超过 20 年（Numeric 的第一个版本于 1995 年发布）。这意味着 Python 提供了一种独特的混合了灵活、易学和通用特点的计算语言，并结合了一组为高性能计算环境而开发的科学计算库。

Driscoll：如何让 Python 成为用于人工智能和机器学习的更好语言？

Coghlan：在易用性方面，通过预先配置的免费增值网络服务（如 Google Colabatory 或 Microsoft Azure Notebook）或本地通过 Python 和 Conda 打包工具链，仍然有很多机会让用户更容易获得组件。

在性能方面，还有很多未开拓的机会可以更好地优化 CPython 解释器和 Cython 静态编译器（例如，Cython 目前不提供共享动态运行时，因此在生成模块中可能会存在大量重复的样板代码，这不仅使它们在编译时更大更慢，而且在运行时的导入速度也更慢）。

Driscoll：我注意到你是博主。你写了多长时间关于 Python 的博客以及是什么让你决定成为一名博主的？

Coghlan：可能是在 Python 3.3 的时候，我开始在我的博客上谈论有关编程的内容。大多数情况下，我发现写作是对思考非常有帮助的。你不得不让你的想法足够连贯以具有可读性。所以这也是我现在仍在使用博客的主要原因。如果有一些关于 Python 的特定内容是我想稍后引用的，那么我就写下我当前的想法。

Driscoll：在你看来，Python 是一门很好的初学编程使用的语言吗？

Coghlan：我推荐 Python 作为第一门语言。对于很多人来说，如果他们想要了解基本概念，那么从一种即插即用（plug-and-play）语言开始是一个很好的选择。

> **Nick Coghlan**："**如果你想进行完整的组合编程，那么 Python 是一种非常好的语言。**"

如果你想进行完整的组合编程，那么 Python 是一种非常好的语言。特意的语言设计限制并不是很明智。你不能让它们远程解析非常复杂的动作。如果你学习语言学，你就会认识到人类大脑远程解析复杂的事物也很困难。

Python 的优势在于你只需要了解一点点知识来理解你当前正在处理的对象的上下文信息。你无需记住很多东西来了解代码试图告诉你的内容。我们试图让所有不同名字的来源保持可见。我认为这将使人们将想法融入他们大脑的难易程度发生惊人变化。

我几年前发表了一篇关于脚本语言和合适的复杂性的帖子。如果你查看一个指南（cookbook）或工作指导，那么你将找到程序化指导。指南的外层是非常程序化和顺序化的。子函数和对象都嵌入在该框架中。我认为 Python 对人们很有用，因为它反映了我们如何与世界互动。

> **Nick Coghlan："我认为 Python 对人们很有用，因为它反映了我们如何与世界互动。"**

Driscoll：你能更多地解释一下为什么 Python 工作得这么好吗？

Coghlan：当然，我们按顺序做事。以程序化开始作为你的基础，然后根据你的需要放置其他内容，这很有实际意义。

面向对象编程、函数式编程和基于事件的编程都是我们为管理复杂性而提出的技术。无论你选择哪一种作为你的语言的基本组织原则，之后都要为你的工作设定最低级别的复杂性。

与教授机器人技术和具身（embodied）计算类型环境的人交谈真的很有趣。当你以这种方式教学时，从对象开始是一个很好的方法。具身计算人员有这样一种天生的能力："坐在我的桌上的机器人对应于我的程序中的'机器人'类。"他们可以做到那种视觉关联。

我认为程序化也与指南和指导的编写方式相匹配。这有助于降低进入门槛，但与此同时，Python 也是一种可以与你共同成长的语言。Python 拥有进行数学编程、面向对象编程和函数式编程的所有工具。

> **Nick Coghlan："Python 是一种可以与你共同成长的语言。"**

你可以使用 Python 解决你遇到的各种问题。当你开始更多地了解关于 Python 的特殊方面时，你可以将其作为学习某一特定领域的语言的切入点。因此，你可以使用 Python 切入 Haskell（函数式编程）、Java 或 C＃。

Driscoll：假设我了解 Python 的所有基础知识，现在我希望加强对这门语言的理解。我该怎么办？

Coghlan：此时要问自己的重要问题是你如何学习。例如对于我自己来说，我发现我主要是基于需求来学习。

> **Nick Coghlan："我 学 习 新 编 程 技 术 和 新 库 来 解 决 问题。"**

我不是为了学习而学习。我学习新编程技术和新库来解决问题。就我而言，发现有兴趣解决的问题后，我会学习我需要做的任何事情来解决这个问题。

在知识拓展方面，Allison Kaptur 写了一些相当不错的东西。我们已经开始在开发者指南中添加一个关于深入了解内部的章节。一个有用的技巧是查看你每天使用的内容，特别是开源库，然后开始深入研究代码。

> **Nick Coghlan："查看你每天使用的内容，特别是开源库，然后开始深入研究代码。"**

因此在标准库中实际上会有到标准库模块文档中的源代码的链接。实际上去阅读并试图弄清楚为什么某些事情可以完成可能是有用的。

这让我想起了另一个名为 Python Tutor（pythontutor. com）的有趣项目。Python Tutor 是一个代码可视化器或行为可视化器。在你处理代码时，Python Tutor 有一个小的系统模型，它会逐步更新，解释正在发生的事情。

在策略方面，我知道有些人认为尝试改变事物是有用的，不是因为他们实际上想要做出改变，只是为了学习其中所涉及的机制。

Driscoll：现在你对 Python 最感兴趣的是什么？

Coghlan：我会在这里给出两个不同的答案，因为从专业角度和个人角度来看我的观点略有不同。

在许多方面，Python 已经对 Linux 生态系统完成了 Linux 生态系统对企业组织所做的一切：变得无处不在，没有人真正费心去向执行管理层汇报。这意味着我们迄今取得的所有成就主要是通过志愿者社区贡献者的努力实现的，只有大型商业用户和机构用户的偶尔和间歇性投资。

> **Nick Coghlan:"我们迄今取得的所有成就主要是通过志愿者社区贡献者的努力实现的。"**

在专业方面，最令我兴奋的是，在商业软件开发中人工智能和机器学习技术使用的增加促使很多组织意识到软件开发不仅限于 C、C++、Java 和 C♯。

近年来，通过 IEEE Spectrum 的年度多数据源语言排名，可以很清晰地看到 Python 从 2014 年的位于前五名的边缘（与 C♯ 一起）开始，已经稳步攀升到 2017 年的第一名。

就个人而言，最令我兴奋的是我们让教师和其他教育工作者直接参与开源 Python 社区。受 2014 年 James Curran 在澳大利亚 PyCon 上的精彩演讲和英国 PyCon 上的教育版块（Education Track）的启发，我于 2015 年创办了 PyCon 澳大利亚教育研讨会（PyCon Australia Education Seminar），自那以后我们每年都会举办会议。

许多 Python 用户组还特别关注成人教育，并为那些希望提高在他们目前的职业中具有的计算技能或考虑将职业转变为软件开发的人们提供研讨会。

Driscoll: 谢谢你，Nick Coghlan。

19

Mike Bayer
(迈克·拜尔)

Mike Bayer 是一位美国软件开发者和销售开源软件产品的 Red Hat 公司的高级软件工程师。他曾在许多纽约的互联网公司工作，如 MLB.com。他还曾在美国职业棒球大联盟（Major League Baseball）从事内容管理软件方面的工作。Mike 是一些 Python 的开源编程库的创建者，例如 SQLAlchemy，这是一个 SQL 工具包和对象关系映射器。他通过推广良好的数据库软件实践在 Python 社区中发挥着积极作用。Mike 定期在美国 PyCon 和欧洲的小型会议上演讲。

讨论主题：SQLAlchemy，AI，v2.7/v3.x。

Mike Bayer 的推特联系方式：@zzzeek

Mike Driscoll：是什么让你成为一名程序员的？

Mike Bayer：当 1980 年我第一次接触到早期的个人计算机，我就对计算机产生了兴趣。我试图以适用于早期的 8 位计算机的汇编语言来学习游戏编程，但没有取得很大成功。在高中时，我使用 Pascal 接触到数据结构和程序化编程。

我成为一名程序员似乎是很自然的事，但事实是我将专业从计算机工程转为音乐并且有好几年时间都没有摸过电脑。我发现自己与在公告板上遇到的其他程序员竞争过度，而我不喜欢这样。

我重新回到计算机领域是因为这是我可以吃饭和支付租金的唯一方式。那时互联网成了一个商业行业，而我立即参与了这项工作。

当第一次互联网泡沫来临时，作为纽约的一名程序员我突然变得紧张和兴奋起来。每个人都希望你为他们工作。事实上，编程的竞争因素多年来给我带来了持续的问题。我必须努力减小这个问题的影响。

Driscoll：那你是如何开始使用 Python 的？

Bayer：在使用 Python 之前我的大部分职业生涯都花在了用 Perl、Java 和一点 C 语言编程上。我真的很喜欢面向对象的应用程序设计而且我最终经历了一个深度架构太空人（architecture astronaut）阶段，这对于 20 世纪 90 年代末和 21 世纪初的 Java 程序员来说非常常见。

我喜欢脚本语言的概念，因为它们允许你直接跳转到文本文件中。没有 Java 的形式、样板和编译步骤，你可以立即工作。我还花了很多时间试图在 Perl 中实现 OO 设计，结果令人非常不满意。

> **Mike Bayer**："经过几年的拒绝接受有意义的空格后，我终于选择了 Python。"

我开始意识到 Python 可能真的可以在这两个世界之间取得平衡。经过几年的拒绝接受有意义的空格后，我终于选择了 Python 并且意识到它就是我要寻找的一切。

Mike Driscoll：对你而言 Python 的特殊之处是什么？

Bayer：Python 给我留下深刻印象的是你的解释器中的所有东西都是 Python 对象，包括你导入的所有模块。

如今，这种看待事物的整个方式对我来说是第二天性。但是当我第一次知道我可以像检查更多数据一样检查程序本身的元素时，我意识到我接触到的所有其他语言都不是那样的。

Python 很容易理解，尤其是在我花了数年时间却从未真正理解 Perl 的 use 语句所做的事情之后。我还在 Python 中观察到对于一致性和正确性的强调，这在脚本语言中也是不常见的。

我认为与我合作的 Python 程序员相较于我接触到的其他开发者来说是更高质量的开发者，因为他们被 Python 吸引了！结果证明这是完全正确的。

Driscoll：那么是什么启发你创建 SQLAlchemy？

Bayer：嗯，我一直有一个目标，想弄清楚我想使用哪种编程语言。在该语言中，我想编写一整套的工具，我可以用它来处理所有事情。我希望能够独立开发并为人们构建应用程序。

> **Mike Bayer：“我希望能够独立开发并为人们构建应用程序。”**

在我的各种工作中，我总是要创建某种数据库抽象层，然后在许多项目中使用它。我总是用我正在使用的任何语言构建小模板引擎、迷你 Web 框架和数据库抽象层，而我试图将我的所有项目标准化。

因此当我用 Python 时，我对当时可用的 Web 框架工具和数据库抽象工具很不满意。我已经编写过很多模板引擎和数据库访问工具，所以我有很多想法。

> **Mike Bayer:"当我用 Python 时,我对当时可用的 Web 框架工具和数据库抽象工具很不满意。"**

我首先编写了一个名为 Myghty 的模板引擎，它几乎是 Perl 模板引擎 HTML：Mason 的一个逐行（line-for-line）端口。Myghty 很糟糕，但它受到了一定的欢迎并为第一版 Pylons 网络框架奠定了基础。

当我开始编写 SQLAlchemy 时，我采取了一种非常深入且缓慢的方式，试图让它变得很棒。作为一名程序员，特别是作为一名 Python 程序员，当时我仍然有很多缺点。早期的 SQLAlchemy 有许多可怕的设计选择，但它仍然闪耀着独一无二且有点神奇的光芒。当我第一次看到这个工作单元在一瞬间完成任务时我很惊讶。我意识到这个东西可能会对人们产生深远的影响。

Driscoll：Mako 是怎么产生的？

Bayer：Mako 的创建仅是为了取代 Myghty 及其所有可怕的设计选择，这样 Pylons 可以拥有一个并不是那么尴尬的模板引擎。

Mako 注定是一个非常有能力且坚固的模板引擎，一旦它完成了，它或多或少地可以独立完成任务。尽管 Mako 这些年来确实新增了更多的功能，但多年来我一直认为它已经是完整的了。我仍然使用 Mako，但我也很高兴 Jinja2 成为 Python 中事实上的模板引擎。毕竟 Armin Ronacher 对 Mako 的架构表示赞赏，因为 Mako 为他创建 Jinja2 提供了很多灵感。

> **Mike Bayer:"我仍然使用 Mako,但我也很高兴 Jinja2 成为 Python 中事实上的模板引擎。"**

Driscoll：如果你可以重新创建 SQLAlchemy，那么你会采取哪些不同的做法？

Bayer：我犯了一些错误，这导致了最终使项目受益匪浅的情况。所以如果我没有犯过这些错误，那么我不确定事情会如何发展。

我提到的关于竞争的问题导致我早期很少与一些贡献者进行互动。驱逐那些有好主意并且在很多情况下比我看得清楚得多的人是一个巨大的错误。

我还应该花更多的时间阅读其他 Python 代码并且更好地使用正确的惯用模式，而不是在我学习 Python 的新内容后必须追溯修复所有代码。

如果我可以重新设计 SQLAlchemy，我也会以不同的方式做其他事情。0.1 版中有很多设计模式是我试图通过 0.2 或 0.3 版来摆脱的。我现在不会完全移除这些模式。

0.1 版在很大程度上依赖于对象与数据库连接的隐式关联，无论是在核心层还是在 ORM 层。现在这两个模式仍然作为绑定元数据和无连接执行而存在。这些模式仍然非常受欢迎，但与基于显性的新模式相比，仍然会产生微妙的混淆。

> **Mike Bayer：**"**如果我从现在所知道的开始，那么 SQLAlchemy 一开始就会更接近目标。**"

多年来，有许多其他 API 模式都经过大量修订。如果我从现在所知道的开始，那么 SQLAlchemy 一开始就会更接近目标。在早期版本中没有必要进行重大的 API 更改。

我也应该早就认识到需要一个好的 SQL 迁移工具，尽管 sqlalchemy-migrate 在我有时间创建 Alembic 迁移工具之前已经做得很好。

Driscoll：你从创建开源项目中学到了什么？

Bayer：嗯，首先，如果你的开源项目变得流行，那么它永远不会完结。如果你的项目被链接到一些不断变化的技术，如 Python 数据库 API，那么你的工作将永远不会完结。

> **Mike Bayer**："如果你的开源项目变得流行，那么它永远
> 不会完结。"

我不知道缺陷修复的节奏会保持十多年不变。我还了解到要在开源方面取得成功，你必须有很多运气。你必须有幸在适当的时候做一个项目。我比社区中大多数人更早地使用 Python 并在最佳时间制作了我的软件。

最后，我学到很多当用户想要某些功能或某种行为 X 时必须做的一些权衡计算。你不可能真正了解他们的世界。通常当用户认为他们想要 X 时，他们其实想要 Y。有时候他们认为他们想要 X，但他们并没有考虑到后果。

你必须要非常小心地处理如何添加 X。同时，如果你拒绝其功能请求，你并不希望用户感到不快。最重要的是，作为维护者，你需要尽可能有礼貌。这是非常困难的，因为很多用户都很无礼，也很自以为是。尽管如此，你发泄一通也无济于事。

Driscoll：我们看到 Python 在人工智能和机器学习中被大量使用。你为什么认为 Python 是优秀的机器学习和人工智能语言？

Bayer：我们在该领域所做的是开发我们的数学和算法。我们将确实想要保留和优化的算法放入如 scikit-learn 等库中。然后我们继续反复说并分享关于我们如何组织和看待数据的说明。

> **Mike Bayer**："高级脚本语言非常适合人工智能和机器
> 学习，因为我们可以快速移动事物并重试。"

高级脚本语言非常适合人工智能和机器学习，因为我们可以快速移动事物并重试。我们创建的代码中的大部分代码行用在表示实际的数学和数据结构上，而不是用在样板上。

像 Python 这样的脚本语言甚至更好，因为它是严格且一致的。使用 Python 时每个人都可以比使用其他语言时更好地理解彼此的代码，而那些其他语言具有令人困惑和不一致的编程范式。

诸如 IPython Notebook 等工具的可用性使我们可以在一个全新的层次上迭代和分享我们的数学和算法。Python 强调我们正努力完成的工作的核心并完全最小化关于我们如何提供计算机指令的一切内容，事情应该是这样的。将你不需要思考的任何事情自动化。

> **Mike Bayer：“将你不需要思考的任何事情自动化。”**

Driscoll：你认为 Python 如何成为更好的人工智能和机器学习语言？

Bayer：机器学习是一项 CPU 密集型任务，因此我们需要继续反复讨论如何更好地利用所有这些处理器核心，遗憾的是这意味着全局解释器锁（GIL）。现在，唯一的方法是使用多进程（multiprocessing）。

> **Mike Bayer：“Python 仍然缺乏一个不错的并发范式。”**

Python 仍然缺乏一个介于线程之间合适的并发范式，其中 Python 的动态契约（dynamic contract）意味着我们有一个 GIL 和进程，这会在如何共享数据方面产生复杂性和开销。拥有一个解释器概念可能会有所帮助，它的作用在很大程度上类似于多进程，但是在单个进程空间内以某种方式进行。这个概念将使用操作系统级线程，但仍然保持进程足够孤立以使它们不共享相同的 GIL。

Driscoll：对于一般的编程新手，你会给出什么建议？

Bayer：计算机编程中有很多传统智慧。你应该多尝试传统智慧。

> **Mike Bayer**："你应该多尝试传统智慧。"

编程中有很多规则，例如不要使用可变全局变量，这更像是初学者的辅助轮。它们是很好的规则，它们都包含很多真理，但它们都不适用于所有情况。

随着你从初学者发展到更高级别，你想要能够独立思考。你还想要通过寻找解决问题的新颖和有创造性的方法来获得经验。这些想法可能并不总是有效，但建立一个始终挑战现状的核心实践有一天能让你看到一个出色的解决问题的新方案。

Driscoll：对于刚开始编程的人，你会推荐哪种语言？

Bayer：我认为 Python 是我见过的最好的初学者语言。在你开始编程的前几年，你可以只使用 Python，你可能还会使用 JavaScript，因为浏览器是不可避免的。

在某些时候，编写某种脚本语言解释器或编译器也是一个好主意。理解高级别声明的指令（如 Python 函数）如何最终表现为由 CPU 运行的指令，是一个必须具备的基本观点。

Driscoll：如今 Python 最令你感到兴奋的是什么？

Bayer：我很高兴 Python 正在成为默认语言，几乎每个想要从事数据深加工工作的人都会优先选择它，特别是在新闻领域。

> **Mike Bayer**："我期待着新一代记者可以像编写一个标题一样来用 Python 编程。"

新闻业正在变得越来越受数据驱动，我期待着新一代记者可以像编写一个标题一样来用 Python 编程。我们需要能够制作基于数据的故事的记者。随着需求的增加，这将有望带来更多可用的数据。设想如果每次我们在《华盛顿邮报》上读到一个故事时，那里还有一个 IPython 笔记本，我们可以用它来分析故事中的数据。

Driscoll：人们现在应该抛弃 Python 2.7 吗？

Bayer：从 Python 2.7 迁移最终是会发生的。我认为现在数据领域的人肯定是从 3. x 系列开始的。在我工作的基础设施领域，我们可以理解需要更长的时间才能实现这一目标，但我们会做到的。

> **Mike Bayer:**"从 Python 2.7 迁移最终是会发生的。我认为现在数据领域的人肯定是从 3. x 系列开始的。"

Driscoll：你希望在未来的 Python 版本中看到哪些变化？

Bayer：老实说，未来我希望看到较少强调 asyncio 系统，我认为这是一个被广泛误解的 API。

新程序员正在将异步功能应用于整个项目。因此他们正在创建充满错误和过于复杂的应用程序，而这些应用程序的性能并不比使用传统技术的好多少。

绝对有一个适合异步 I/O 的地方，但在几乎任何实际应用程序中，它应该仅限于处理与外部资源和客户端的交互。这应该只在外部数据交互的规模非常大且是并发的时候使用（例如，抓取数千个网站或等待来自数千个客户端的命令）。

我们的应用程序的中心引擎（那些与本地数据交互并执行我们的业务逻辑和算法的引擎）应该用传统线程编写。异步和同步组件可以很好地相互通信，然而程序员却需要很好地理解这两种范式。当前的异步文化完全没有强调这一点。

Driscoll：谢谢你，Mike Bayer。

20

Jake Vanderplas
（杰克·万托布拉斯）

　　Jake Vanderplas 是一位数据科学家，也是《Python 数据科学手册》（*Python Data Science Handbook*）的作者。他是华盛顿大学 eScience 研究所的开放软件总监，在那里他与来自不同学科的研究人员合作。他还担任过华盛顿大学的物理学研究主管。Jake 是 Python 科学栈（scientific stack）的长期贡献者，并参与过 SciPy、scikit-learn 和 Altair 等项目。他定期在美国的 Python 大会上发表演讲，并在 PyCon、PyData 和 SciPy 上做过主题演讲。Jake 是 Google 的访问研究员并撰写了一个技术博客。

讨论主题：Python 在数据科学和天文学中的应用。
Jake Vanderplas 的推特联系方式：@jakevd

Mike Driscoll：你能告诉我一些你的背景信息吗？

Jake Vanderplas：我本科学习的是物理，在大学毕业后花了几年时间在户外担任环境教育工作者和登山向导。

在加利福尼亚州内华达山脉的星空下睡了几个夏天之后，我爱上了天文学，并决定利用我的物理背景前往研究生院学习更多知识。

直到我读研究生的第一年，我只写了一些代码。在中学时我接触了一点 HyperCard 并在高中时修了C＋＋课程。我在大学里也学过一些基本的 Mathematica。

Driscoll：你是如何开始使用 Python 编程语言的？

Vanderplas：现在的天文学是由计算驱动的，所以当我开始读研究生时，我需要重新学习如何编程。

> **Jake Vanderplas：“现在的天文学是由计算驱动的……”**

当时我们系里的大多数人都在使用 IDL，但我很幸运地能够与一位推荐使用 Python 的教授一起进行了一项为期长达一个季度的研究项目。他告诉我 Python 是未来，如今回想起来他是完全正确的！

我在寒假时通过编写一个数独（Sudoku）谜题求解器并在之后把它变成一个数独谜题发生器自学了 Python。很久以后，我在 PyCon 2017 上解释了为什么 Python 被如此多的科学家所喜欢和使用。

Driscoll：你喜欢 Python 的什么？

Vanderplas：我喜欢 Python 首先是因为它是开放的，这令它比学术界青睐的其他工具（Mathematica、IDL 和 MATLAB）更具优势。

当我第一次开始使用 Python 时，我发现其语法和语义非常简洁和直观，这使得编程对我来说很有趣，与我第一次学习C＋＋的体验完全不同。

> **Jake Vanderplas："我发现 Python 的语法和语义非常简洁和直观。"**

此外 Python 的科学生态系统也是一个巨大的福音，即使在我刚开始接触时它还相当稚嫩。无论你想用 Python 在科学领域做什么，很可能已经有人为它创建了一个包。

Python 与如此多其他语言的互操作性意味着 Python 可以作为一种黏合剂，使得科学家可以将需要的各种工具结合起来使用。而且 Python 的"内置电池"属性意味着几乎所有东西都有内置库，而其他东西则有第三方库。

> **Jake Vanderplas："Python……可以作为一种黏合剂，使得科学家可以将需要的各种工具结合起来使用。"**

Python 的简单和动态特性使其非常适合日常科学数据探索，因为对这些项目来说开发速度是主要的，而执行速度通常是次要的。

最后但最重要的一点是，Python 的开放精神确实非常适合科学界，我们看到越来越多的科学家在 GitHub 和类似服务上托管他们的研究代码以有助于再现性。

Driscoll：Python 的开放精神如何帮助科学界？

Vanderplas：Python 的开放精神与科学应该如何做是非常契合的。我在 2017 年的 PyCon 上的主题演讲中指出，在过去的五到十年中，科学家们真的吸取了开源社区的许多最佳实践经验。

代码共享、版本控制、单元测试和代码文档对于确保现代科学具有可再现性至关重要。在科学界中从事最好计算工作的人们已经采用了许多来自开源（特别是 Python 开源）社区这样的实践。

Driscoll：Python 还缺少什么对科学家来说很重要的东西吗？

Vanderplas：对科学家来说 Python 面临的最大挑战是计算的扩展需要用 Python 以外的语言编写代码。

> **Jake Vanderplas:**"对科学家来说 Python 面临的最大挑战是计算的扩展需要用 Python 以外的语言编写代码。"

像 Cython 和 Numba 这样的工具通过让你将 Python 或类似 Python 的代码转换为快速编译的代码来部分解决这个问题，但是在决定何时何地切换到这些附加工具时会涉及一些认知开销。PyPy 很有前途，但问题在于它不支持 CPython 的 C-API，而这是科学生态系统所需要的。

这就是社区中的一些人喜欢 Julia 的原因。Julia 是为科学计算而构建的语言，它完全内置了基于 LLVM 的快速执行。即使如此，Julia 在某些方面让我觉得有些笨拙，因此我希望我们能有一个折中方案：Python 的语法加上 Julia 的性能。

Driscoll：Python 社区如何帮助科学界学习 Python？你目前使用 Python 做什么项目？

Vanderplas：我用 Python 做所有的日常工作。目前我参与了华盛顿大学（UW）的几个研究项目。我正在指导研究天文学和以运输为中心的数据科学的学生。

我也正在帮助开发 Altair 库，它是一种 Vega-Lite 可视化语法的 Python 接口。我认为它将非常适合 Python 科学领域当前的一个空白，即探索性数据分析。

> **Jake Vanderplas:**"我……推动 Python，而现在我不需要非常费劲了！"

我在华盛顿大学的部分工作基本上是为大学里的研究人员提供咨询，在计算或统计方面为他们的研究提供帮助。我一直致力于推动Python，而现在我不需要非常费劲了！

Driscoll：大多数天文学家都做了很多计算机编程吗？

Vanderplas：计算在现代天文学中是绝对必要的！在大多数情况下，该领域已经超越了用望远镜窥视来前往遥远山峰的浪漫日子。即使在现场观察时，也会通过附在望远镜上的 CCD 记录观测结果。

除此之外，一般来说所有简单的观察都已经完成了。要真正推进我们对宇宙的理解，需要进行创新的研究。这种创新可能意味着观察非常暗的天体（在这种情况下详细的噪声模型是必要的），或者观察许多天体以了解它们的统计特性（其中可扩展的计算环境是必不可少的）。

在以上任何一个方向，你最好知道如何编写代码来摄取望远镜图像，对有趣的特征建模并得出有用的结果。

Driscoll：科学家需要编写代码有多常见？

Vanderplas：与天文学领域一样，大多数领域中的科学家都发现编程是必不可少的。

> **Jake Vanderplas："大多数领域中的科学家都发现编程是必不可少的。"**

在数据量方面我们天文学家已经领先一步，但随着传感器、照相机、卫星和其他设备变得更加便宜和丰富，数据泛滥（data deluge）也开始成为大多数其他领域的一个特征。

Driscoll：哪个科学领域使用编程最多？

Vanderplas：很难说，但天文学正在产生海量数据。

例如，在射电天文学中，有些项目以大约 5 GB/s 的速率产生数据。在物理学中，LHC 以大约 25 GB/s 的速率产生数据。在生物统计学中，个体的基因测序数据通常为数百 GB。所有这些领域都使用复杂的算法从那些数据中提取有意义的信息。

Driscoll：另一方面，你知道 Python 在哪些科学领域比较弱吗？如果有，那么是什么？

Vanderplas：有些领域有长期根深蒂固的工具链。例如，MATLAB 可能被描述为许多工程和应用数学系的标准。

十年前，一种名为 IDL 的语言主导了大部分天文学研究，但这种情况已经发生了变化，现在 Python 已成为参考文献中提到的主导语言。

天文学改变的方式是双重的。一些有影响力的有识之士在早期就推动了 Python 在天文学领域的发展（例如，太空望远镜科学研究所（Space Telescope Science Institute）的 PerryGreenfield）。之后研究生和博士后们掀起了一股真正的浪潮，他们努力训练彼此（例如软件木工研讨会和 SciCoder 计划）。

> **Jake Vanderplas："Python 有接管的势头了。"**

整个社区也在推动标准化天文学 Python 工具栈，并最终促成了（非凡的）Astropy 项目。除此之外，Python 有接管的势头了。

Driscoll：谢谢你，Jake Vanderplas。